职业资格培训教材

技能型人才培训用书

测量放线工（高级）

国家职业资格培训教材编审委员会　组编

高俊强　主编

机械工业出版社

本教材是依据国家最新颁布的相关技术标准及建设行业职业技能标准《测量放线工》（高级）的理论知识要求和技能要求，按照岗位培训需要的原则编写的。本教材主要内容包括：工程知识与数学函数，测量误差理论及应用，坐标转换，水准测量，角度测量，距离测量，测设工作，工程测量常用技术标准与测绘管理，测绘相关知识。书末附有与之配套的试题库、模拟试卷样例和相应答案，每章末有复习思考题，以便于企业培训和读者自测。

本教材既可作为各级职业技能鉴定培训机构、企业培训部门的考前培训教材，又可作为读者考前复习用书，还可作为职业技术院校、技工院校的专业课教材。

图书在版编目（CIP）数据

测量放线工：高级/高俊强主编；国家职业资格培训教材编审委员会组编.—北京：机械工业出版社，2013.6（2022.1重印）
职业资格培训教材.技能型人才培训用书
ISBN 978-7-111-42726-1

Ⅰ.①测…　Ⅱ.①高…②国…　Ⅲ.①建筑测量—技术培训—教材　Ⅳ.①TU198

中国版本图书馆 CIP 数据核字（2013）第 115326 号

机械工业出版社（北京市百万庄大街22号　邮政编码100037）
策划编辑：郎　峰　赵磊磊　责任编辑：郎　峰　赵磊磊　陈将浪
版式设计：霍永明　责任校对：张　力
封面设计：饶　薇　责任印制：郜　敏
北京富资园科技发展有限公司印刷
2022 年 1 月第 1 版第 2 次印刷
169mm×239mm·16 印张·309 千字
4 001—4 500 册
标准书号：ISBN 978-7-111-42726-1
定价：29.80 元

电话服务　　　　　　　　　　网络服务
客服电话：010-88361066　　机 工 官 网：www.cmpbook.com
　　　　　010-88379833　　机 工 官 博：weibo.com/cmp1952
　　　　　010-68326294　　金 书 网：www.golden-book.com
封底无防伪标均为盗版　　机工教育服务网：www.cmpedu.com

国家职业资格培训教材（第2版）
编审委员会

第2版 序

在"十五"末期，为贯彻落实"全国职业教育工作会议"和"全国再就业会议"精神，加快培养一大批高素质的技能型人才，机械工业出版社精心策划了与原劳动和社会保障部《国家职业标准》配套的《国家职业资格培训教材》。这套教材涵盖41个职业工种，共172种，有十几个省、自治区、直辖市相关行业200多名工程技术人员、教师、技师和高级技师等从事技能培训和鉴定的专家参加编写。教材出版后，以其兼顾岗位培训和鉴定培训需要，理论、技能、题库合一，便于自检自测，受到全国各级培训、鉴定部门和广大技术工人的欢迎，基本满足了培训、鉴定和读者自学的需要，在"十一五"期间为培养技能人才发挥了重要作用，本套教材也因此成为国家职业资格鉴定考证培训及企业员工培训的品牌教材。

2010年，《国家中长期人才发展规划纲要（2010—2020年）》、《国家中长期教育改革和发展规划纲要（2010—2020年）》、《关于加强职业培训促就业的意见》相继颁布和出台，2012年1月，国务院批转了"七部委"联合制定的《促进就业规划（2011—2015年）》，在这些规划和意见中，都重点阐述了加大职业技能培训力度、加快技能人才培养的重要意义，以及相应的配套政策和措施。为适应这一新形势，同时也鉴于第1版教材所涉及的许多知识、技术、工艺、标准等已发生了变化的实际情况，我们经过深入调研，并在充分听取了广大读者和业界专家意见的基础上，决定对已经出版的《国家职业资格培训教材》进行修订。本次修订，仍以原有的大部分作者为班底，并保持原有的"以技能为主线，理论、技能、题库合一"的编写模式，重点在以下几个方面进行了改进：

1. 新增紧缺职业工种——为满足社会需求，又开发了一批近几年比较紧缺的以及新增的职业工种教材，使本套教材覆盖的职业工种更加广泛。

2. 紧跟国家职业标准——按照最新颁布的《国家职业技能标准》（或《国家职业标准》）规定的工作内容和技能要求重新整合、补充和完善内容，涵盖职业标准中所要求的知识点和技能点。

3. 提炼重点知识技能——在内容的选择上，以"够用"为原则，提炼出应重点掌握的必需专业知识和技能，删减了不必要的理论知识，使内容更加精炼。

4. 补充更新技术内容——紧密结合最新技术发展，删除了陈旧过时的内容，补充了新的技术内容。

5. **同步最新技术标准**——对原教材中按旧的技术标准编写的内容进行更新，所有内容均与最新的技术标准同步。

6. **精选技能鉴定题库**——按鉴定要求精选了职业技能鉴定试题，试题贴近教材、贴近国家试题库的考点，更具典型性、代表性、通用性和实用性。

7. **配备免费电子教案**——为方便培训教学，我们为本套教材开发配备了配套的电子教案，免费赠送给选用本套教材的机构和教师。

8. **配备操作实景光盘**——根据读者需要，部分教材配备了操作实景光盘。

一言概之，经过精心修订，第2版教材在保留了第1版教材精华的同时，内容更加精练、可靠、实用，针对性更强，更能满足社会需求和读者需要。全套教材既可作为各级职业技能鉴定培训机构、企业培训部门的考前培训教材，又可作为读者考前复习和自测使用的复习用书，也可供职业技能鉴定部门在鉴定命题时参考，还可作为职业技术院校、技工院校、各种短训班的专业课教材。

在本套教材的调研、策划、编写过程中，曾经得到许多企业、鉴定培训机构有关领导、专家的大力支持和帮助，在此表示衷心的感谢！

虽然我们已经尽了最大努力，但教材中仍难免存在不足之处，恳请专家和广大读者批评指正。

国家职业资格培训教材第2版编审委员会

第1版 序一

当前和今后一个时期，是我国全面建设小康社会、开创中国特色社会主义事业新局面的重要战略机遇期。建设小康社会需要科技创新，离不开技能人才。"全国人才工作会议"、"全国职教工作会议"都强调要把"提高技术工人素质、培养高技能人才"作为重要任务来抓。当今世界，谁掌握了先进的科学技术并拥有大量技术娴熟、手艺高超的技能人才，谁就能生产出高质量的产品，创出自己的名牌；谁就能在激烈的市场竞争中立于不败之地。我国有近一亿技术工人，他们是社会物质财富的直接创造者。技术工人的劳动，是科技成果转化为生产力的关键环节，是经济发展的重要基础。

科学技术是财富，操作技能也是财富，而且是重要的财富。中华全国总工会始终把提高劳动者素质作为一项重要任务，在职工中开展的"当好主力军，建功'十一五'，和谐奔小康"竞赛中，全国各级工会特别是各级工会职工技协组织注重加强职工技能开发，实施群众性经济技术创新工程，坚持从行业和企业实际出发，广泛开展岗位练兵、技术比赛、技术革新、技术协作等活动，不断提高职工的技术技能和操作水平，涌现出一大批掌握高超技能的能工巧匠。他们以自己的勤劳和智慧，在推动企业技术进步，促进产品更新换代和升级中发挥了积极的作用。

欣闻机械工业出版社配合新的《国家职业标准》为技术工人编写了这套涵盖41个职业的172种"国家职业资格培训教材"。这套教材由全国各地技能培训和考评专家编写，具有权威性和代表性；将理论与技能有机结合，并紧紧围绕《国家职业标准》的知识点和技能鉴定点编写，实用性、针对性强，既有必备的理论和技能知识，又有考核鉴定的理论和技能题库及答案，编排科学，便于培训和检测。

这套教材的出版非常及时，为培养技能型人才做了一件大好事，我相信这套教材一定会为我们培养更多更好的高技能人才做出贡献！

（李永安　中国职工技术协会常务副会长）

第1版　序二

为贯彻"全国职业教育工作会议"和"全国再就业会议"精神，全面推进技能振兴计划和高技能人才培养工程，加快培养一大批高素质的技能型人才，我们精心策划了这套与劳动和社会保障部最新颁布的《国家职业标准》配套的《国家职业资格培训教材》。

进入21世纪，我国制造业在世界上所占的比重越来越大，随着我国逐渐成为"世界制造业中心"进程的加快，制造业的主力军——技能人才，尤其是高级技能人才的严重缺乏已成为制约我国制造业快速发展的瓶颈，高级蓝领出现断层的消息屡屡见诸报端。据统计，我国技术工人中高级以上技工只占3.5%，与发达国家40%的比例相去甚远。为此，国务院先后召开了"全国职业教育工作会议"和"全国再就业会议"，提出了"三年50万新技师的培养计划"，强调各地、各行业、各企业、各职业院校等要大力开展职业技术培训，以培训促就业，全面提高技术工人的素质。

技术工人密集的机械行业历来高度重视技术工人的职业技能培训工作，尤其是技术工人培训教材的基础建设工作，并在几十年的实践中积累了丰富的教材建设经验。作为机械行业的专业出版社，机械工业出版社在"七五"、"八五"、"九五"期间，先后组织编写出版了"机械工人技术理论培训教材"149种，"机械工人操作技能培训教材"85种，"机械工人职业技能培训教材"66种，"机械工业技师考评培训教材"22种，以及配套的习题集、试题库和各种辅导性教材约800种，基本满足了机械行业技术工人培训的需要。这些教材以其针对性、实用性强，覆盖面广，层次齐备，成龙配套等特点，受到全国各级培训、鉴定和考工部门及技术工人的欢迎。

2000年以来，我国相继颁布了《中华人民共和国职业分类大典》和新的《国家职业标准》，其中对我国职业技术工人的工种、等级、职业的活动范围、工作内容、技能要求和知识水平等根据实际需要进行了重新界定，将国家职业资格分为5个等级：初级（5级）、中级（4级）、高级（3级）、技师（2级）、高级技师（1级）。为与新的《国家职业标准》配套，更好地满足当前各级职业培训和技术工人考工取证的需要，我们精心策划编写了这套"国家职业资格培训教材"。

这套教材是依据劳动和社会保障部最新颁布的《国家职业标准》编写的，

为满足各级培训考工部门和广大读者的需要，这次共编写了41个职业172种教材。在职业选择上，除机电行业通用职业外，还选择了建筑、汽车、家电等其他相近行业的热门职业。每个职业按《国家职业标准》规定的工作内容和技能要求编写初级、中级、高级、技师（含高级技师）四本教材，各等级合理衔接、步步提升，为高技能人才培养搭建了科学的阶梯型培训架构。为满足实际培训的需要，对多工种共同需求的基础知识我们还分别编写了《机械制图》、《机械基础》、《电工常识》、《电工基础》、《建筑装饰识图》等近20种公共基础教材。

在编写原则上，依据《国家职业标准》又不拘泥于《国家职业标准》是我们这套教材的创新。为满足沿海制造业发达地区对技能人才细分市场的需要，我们对模具、制冷、电梯等社会需求量大又已单独培训和考核的职业，从相应的职业标准中剥离出来单独编写了针对性较强的培训教材。

为满足培训、鉴定、考工和读者自学的需要，在编写时我们考虑了教材的配套性。教材的章首有培训要点、章末配复习思考题，书末有与之配套的试题库和答案，以及便于自检自测的理论和技能模拟试卷，同时还根据需求为20多种教材配制了VCD光盘。

为扩大教材的覆盖面和体现教材的权威性，我们组织了上海、江苏、广东、广西、北京、山东、吉林、河北、四川、内蒙古等地相关行业从事技能培训和考工的200多名专家、工程技术人员、教师、技师和高级技师参加编写。

这套教材在编写过程中力求突出"新"字，做到"知识新、工艺新、技术新、设备新、标准新"；增强实用性，重在教会读者掌握必需的专业知识和技能，是企业培训部门、各级职业技能鉴定培训机构、再就业和农民工培训机构的理想教材，也可作为技工学校、职业高中、各种短训班的专业课教材。

在这套教材的调研、策划、编写过程中，曾经得到广东省职业技能鉴定中心、上海市职业技能鉴定中心、江苏省机械工业联合会、中国第一汽车集团公司以及北京、上海、广东、广西、江苏、山东、河北、内蒙古等地许多企业和技工学校的有关领导、专家、工程技术人员、教师、技师和高级技师的大力支持和帮助，在此谨向为本套教材的策划、编写和出版付出艰辛劳动的全体人员表示衷心的感谢！

教材中难免存在不足之处，诚恳希望从事职业教育的专家和广大读者不吝赐教，批评指正。我们真诚希望与您携手，共同打造职业培训教材的精品。

国家职业资格培训教材编审委员会

前言

为适应建筑业的发展和培训测量放线工的需要，不断提高建筑职工队伍的整体素质，我们根据国家建设行业职业技能标准《测量放线工》（高级）的知识要点（应知）及操作要点（应会）制定的培训大纲编写了本书。

本书坚持岗位培训需要的原则，以"实用、够用"为宗旨，突出技能；以技能为主线，理论为技能服务，将理论知识与操作技能有机地结合起来。内容力求精练、实用、通俗易懂、覆盖面广。为便于学习，每章有复习思考题，同时编有"技能训练实例"。书末附有试题库、模拟试卷样例及其答案。

本书由高俊强任主编，王斌任副主编，储征伟主审。各章节具体编写分工如下：南京工业大学夏坤编写第一章，高俊强编写第二章，高巧森、于春生编写第三、七章，梁鑫鑫编写第四章、试题库和模拟试卷样例，陈浩编写第五章，赵亚萍编写第六章，上海机械施工有限公司王斌编写第八、九章。最后由高俊强、王斌对全书进行了统稿和整理，储征伟教授级高工对全书进行了审查，并提出了具体意见和建议。

本书力求做到理论与工程实际相结合，反映当前的最新技术。在本书中引用了许多书刊的资料，已在参考文献中列出，在此向有关书刊作者致以谢意。

尽管作者在编写过程中经过反复推敲，尽了最大的努力，但由于测量技术飞速发展、日新月异，同时由于作者的水平有限，疏漏、错误之处在所难免，恳请各位专家、同行、读者批评指正。

编　者

目录

第 一 章

工程知识与数学函数

◇◇◇ 第一节　地形图识读与应用

一、地形图基本知识

地形是地物和地貌的总称。地物是指地面天然或人工形成的各种固定物体，如河流、森林、房屋、道路等；地貌是指地表面高低起伏的各种形态，如高山、丘陵、平原、洼地等。通过一定的测量方法，按照一定的精度，将地面上各种地物的平面位置及地貌形态按照一定的比例尺、用规定的符号缩绘在图纸上，这种图称为地形图，如图 1-1 所示。

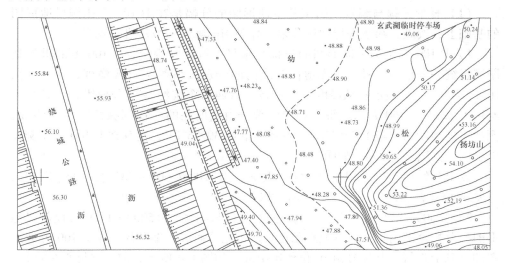

图 1-1　1:500 地形图

1. 地形图比例尺

地形图是将地表上地物和地貌的实际尺寸缩绘在图纸上。地形图上任一线段的长度与地面上相应线段的实际水平长度之比，称为该地形图的比例尺。如图 1-2 所示为 1:1000 的图示比例尺。不同比例尺地形图的精度见表 1-1。

其他相关知识见《测量放线工（中级）》第一章第三节一、地形图的基本知识。

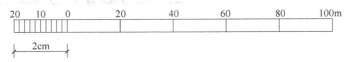

图 1-2　1:1000 的图示比例尺

表 1-1　不同比例尺地形图的精度

比例尺	1:500	1:1000	1:2000	1:5000	1:10000
比例尺精度	0.05m	0.1m	0.2m	0.5m	1.0m

2. 地形图的分幅与编号

地形图的图幅是统一规定的，故每幅地形图所包含的地面面积是一定的，若测区范围较大，为了便于储存、检索和使用，应将地形图进行分幅与编号。地形图的分幅方法有两种，一种是按经、纬线分幅的梯形分幅；另一种是按坐标格网分幅的正方形（矩形）分幅。

（1）梯形分幅与编号　国家基本地形图的分幅是在 1:100 万比例尺地形图的基础上，按经、纬线进行梯形分幅，并采用国际统一方法进行编号。

1）1:100 万比例尺地形图的分幅与编号。按国际规定，1:100 万的世界地图实行统一分幅与编号。从赤道向北或向南分别按纬差 4°分成横列，各列依次用 A、B、…、V 表示；从经度 180°起算，自西向东按经差 6°分成纵行，各行依次用 1、2、…、60 表示。每一幅图的编号由其所在的"横列纵行"代号组成，例如某地经度为东经 117°54′18″，纬度为北纬 39°56′12″，则其在 1:100 万比例尺地形图上的图号为 J50，如图 1-3 所示。

以上分幅规定仅适用于纬度 60°以下。当纬度在 60°~76°时，以经差 12°、纬差 4°分幅；当纬度在 76°~88°时，以经差 24°、纬差 4°分幅。

2）1:5000~1:50 万比例尺地形图的分幅与编号。1:5000~1:50 万比例尺地形图的分幅全部由 1:100 万地形图逐次加密划分而成，编号都是在 1:100 万地形图的基础上进行。其编号由 10 位代码组成，如图 1-4 所示，前 3 位是所在的 1:100 万地形图的行号（1 位）和列号（2 位）；第 4 位是比例尺代码（表 1-2），每种比例尺有一个特殊的代码；5~7 位、8~10 位分别是图幅的行号、列号数字

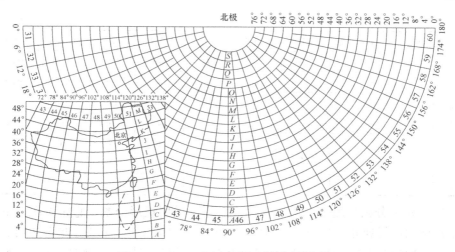

图 1-3　1:100 万比例尺地形图分幅与编号

码，行号、列号数字码的编码方法一致，行号从上而下、列号从左往右排列，不足三位时前面加"0"。表 1-3 为我国各种比例尺地形图之间的分幅编号关系。

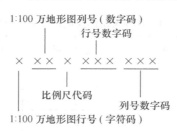

图 1-4　1:5000 ~ 1:50 万地形图图号组成

表 1-2　比例尺代码

比例尺	1:50 万	1:25 万	1:10 万	1:5 万	1:2.5 万	1:1 万	1:5000
比例尺代码	B	C	D	E	F	G	H

表 1-3　我国各种比例尺地形图之间的分幅编号关系

比例尺		1:100 万	1:50 万	1:25 万	1:10 万	1:5 万	1:2.5 万	1:1 万	1:5000
图幅范围	经差	6°	3°	1°30′	30′	15′	7′30″	3′45″	1′52.5″
	纬差	4°	2°	1°	20′	10′	5′	2′30″	1′15″
行列数量关系	行数	1	2	4	12	24	48	96	192
	列数	1	2	4	12	24	48	96	192

（续）

比例尺		1:100万	1:50万	1:25万	1:10万	1:5万	1:2.5万	1:1万	1:5000
图幅数量关系		1	4	16	144	576	2304	9216	36864
			1	4	36	144	576	2304	9216
				1	9	36	144	576	2304
					1	4	16	64	256
						1	4	16	64
							1	4	16
								1	4

（2）矩形分幅与编号　大比例尺地形图多采用矩形分幅，它是按统一的直角坐标格网进行划分，几种大比例尺图图幅大小见表1-4。采用矩形分幅时，大比例尺地形图的编号一般采用图幅西南角坐标公里数编号法，例如若某点的坐标为 $x=356.0$ km，$y=832.0$ km，则其编号为"356.0—832.0"。编号时，比例尺为1:500的地形图，坐标值取至0.01km；比例尺为1:1000、1:2000的地形图，取至0.1km。

表1-4　几种大比例尺地形图图幅尺寸

比例尺	图幅尺寸（长/cm×宽/cm）	实地面积/km²	1:5000比例尺图幅内的分幅数
1:5000	40×40	4	1
1:2000	50×50	1	4
1:1000	50×50	0.25	16
1:500	50×50	0.0625	64

对于面积较大的某些工矿企业或城镇，常测绘有几种不同比例尺的地形图，其编号常以1:5000比例尺的地形图为基础进行，例如某1:5000图幅西南角的坐标值 $x=32$ km，$y=56$ km，则其图幅编号为"32—56"，如图1-5所示。在1:5000图幅编号的末尾分别加上罗马数字Ⅰ、Ⅱ、Ⅲ、Ⅳ，就是1:2000比例尺图幅的编号（图中甲图幅），其编号为"32—56—Ⅰ"；在1:2000图幅编号的末尾分别再加上罗马数字Ⅰ、Ⅱ、Ⅲ、Ⅳ，就是1:1000图幅的编号（图中乙图幅）；在1:1000图幅编号的末尾分别再加上罗马数字Ⅰ、Ⅱ、Ⅲ、Ⅳ，就是1:500图幅的编号（图中丙图幅）。

3. 地形图编号的应用

1）已知某点的经、纬度或图幅西南图廓点的经、纬度，计算图幅编号。

① 先计算1:100万图幅编号，用下列公式

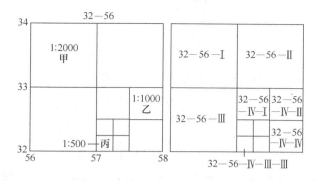

图 1-5 矩形分幅与编号

$$
\left.
\begin{aligned}
a &= \text{int}\left(\frac{\varphi}{4°}\right) + 1 \\
b &= \text{int}\left(\frac{\lambda}{6°}\right) + 31\,(\text{东经}) \\
b &= 31 - \text{int}\left(\frac{\lambda}{6°}\right)\,(\text{西经})
\end{aligned}
\right\}
\tag{1-1}
$$

式中 a、b——分别为 1:100 万地形图图幅行号和列号的数字码；

φ、λ——某点的纬度和经度或图幅西南图廓点的纬度和经度。

② 再计算所求比例尺地形图在 1:100 万比例尺地形图编号后的行号和列号，计算公式如下

$$
\left.
\begin{aligned}
c &= \frac{4°}{\Delta\varphi} - \text{int}\left[\,(\varphi\bmod 4°)/\Delta\varphi\right] \\
d &= \text{int}\left[(\lambda\bmod 6°)/\Delta\lambda\right] + 1
\end{aligned}
\right\}
\tag{1-2}
$$

式中 c、d——分别为所求比例尺地形图在 1:100 万比例尺地形图图号后的行号和列号；

$\Delta\varphi$、$\Delta\lambda$——所求比例尺地形图分幅的纬差和经差。

2）已知图号，计算该图幅西南图廓点的经、纬度

$$
\left.
\begin{aligned}
\lambda &= (b - 31) \times 6° + (d - 1) \times \Delta\lambda \\
\varphi &= (a - 1) \times 4° + \left(\frac{4°}{\Delta\varphi} - c\right) \times \Delta\varphi
\end{aligned}
\right\}
\tag{1-3}
$$

3）不同比例尺地形图编号的行、列关系换算。由较小比例尺地形图编号中的行、列代码计算所含各种较大比例尺地形图编号中的行、列代码。

最西北角图幅编号中的行、列代码按下式计算

$$c_2 = \frac{\Delta\varphi_1}{\Delta\varphi_2} \times (c_1 - 1) + 1 \\ d_2 = \frac{\Delta\lambda_1}{\Delta\lambda_2} \times (d_1 - 1) + 1 \Bigg\} \tag{1-4}$$

最东南角图幅编号中的行、列代码按下式计算

$$c_2 = \frac{\Delta\varphi_1}{\Delta\varphi_2} \times c_1 \\ d_2 = \frac{\Delta\lambda_1}{\Delta\lambda_2} \times d_1 \Bigg\} \tag{1-5}$$

式中　c_2、d_2——分别为较大比例尺地形图在 1∶100 万地形图编号后的行、列号；

c_1、d_1——分别为较小比例尺地形图在 1∶100 万地形图编号后的行、列号；

$\Delta\varphi_2$、$\Delta\lambda_2$——分别为大比例尺地形图分幅的纬差和经差；

$\Delta\varphi_1$、$\Delta\lambda_1$——分别为小比例尺地形图分幅的纬差和经差。

【例 1-1】　1∶2.5 万地形图图号中的行、列代码为 010007，计算包含该图的 1∶10 万地形图图号中的行、列代码。

【解】　由题得

$c_2 = 010$，$d_2 = 007$，$\Delta\varphi_1 = 20'$，$\Delta\varphi_2 = 5'$，$\Delta\lambda_1 = 30'$，$\Delta\lambda_2 = 7'45''$；

所以，$c_1 = \text{int}\left(10 \times \frac{5'}{20'}\right) + 1 = 3 = 003$，$d_1 = \text{int}\left(7 \times \frac{7'45''}{30'}\right) + 1 = 2 = 002$；

故包含行、列代码为 010007 的 1∶2.5 万地形图的 1∶10 万地形图的行、列代码为 003002。

4. 地形图图廓外注记

（1）图名和图号　图名是用本图内最著名的地名，或最大的村庄，或最突出的地物、地貌等的名称来命名的。图号是根据统一的分幅进行编号的。图号、图名注记在图廓上方的中央。

（2）接图表　接图表用来说明本图幅与相邻图幅的关系。图 1-6 的图廓左上方处，中间一格画有斜线的代表本图幅，四邻分别表示与本图幅的位置关系，按照接图表就可找到相邻的图幅。

（3）比例尺和密级　在每幅图的图廓外下方中央均注有测图比例尺；在图廓外的右上角注有图幅密级，图幅可分为秘密、机密和绝密三种密级。

（4）坐标格网　图 1-6 中的方格网为平面直角坐标格网，其间隔通常是图上 10cm，在图廓四角均标有格网的坐标值。对于中、小比例尺地形图，在其图廓内还绘有经、纬线格网，可确定各点的地理坐标。

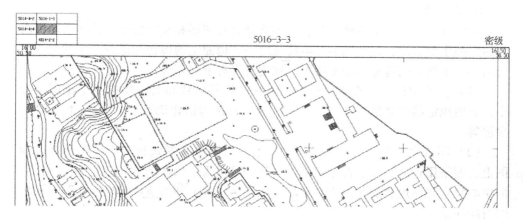

图 1-6 地形图图廓

（5）坡度比例尺 坡度比例尺是一种在地形图上量测地面坡度和倾角的图解工具（图 1-7），它是按如下关系制成的

$$i = \tan \alpha = \frac{h}{dM} \tag{1-6}$$

式中 i——地面坡度；

α——倾角；

h——等高距；

d——相邻等高线平距；

M——比例尺分母。

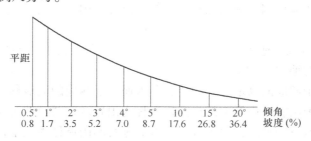

图 1-7 坡度比例尺

使用坡度比例尺时，用分规卡出图上相邻等高线的平距后，在坡度比例尺上使分规的一针尖对准底线，另一针尖对准曲线，即可在尺上读出地面坡度 i 及地面倾角 α（度数）。

此外，地形图图廓的左下方一般标注坐标系统和高程系统，右下方标注测绘人员及日期等。

5. 地物符号

地物符号是地图上各种形状、大小及颜色的图形和文字的总称，它是地图内容体现的主要方法，是地图的基本特征之一。地面上的地物和地貌，应按现行地形图图式中规定的符号描绘于图上。地物符号有下列几种：

（1）依比例符号　若地物轮廓较大，可将其形状和大小均按测图比例尺缩小，并用规定的符号描绘在图纸上，这种符号称为依比例符号，如湖泊、稻田、房屋等。

（2）不依比例符号　若地物轮廓较小，无法将其形状和大小按比例缩绘到图上，而采用相应的规定符号表示，这种符号称为不依比例符号。不依比例符号的中心位置与该地物的实地中心位置关系，随各种不同的地物而异，在测图和用图时应注意。

（3）半依比例符号　地物的长度可按比例尺缩绘，而宽度不按比例尺缩小表示的符号称为半依比例符号。该类地物常是带状延伸，如铁路、公路、管道等。半依比例符号的中心线，一般表示其实地地物的中心位置，但城墙和垣栅等的地物中心位置在其符号的底线上。

（4）注记　对地物的性质、名称等用文字、数字或者符号加以说明和解释，称为地物注记，如城镇、河流、道路的名称，桥梁的尺寸及载重量，江河的流向、流速，森林、果树的类别等。

6. 地貌符号——等高线

地形图上表示地貌的方法有着色法、晕渲法和等高线法等。其中，等高线法不但能表示地面起伏的形态，还能表示地面坡度和高程，可以满足实际用图的需要，因此我国的地形测量规范和地形图图式都规定用等高线配合其他的地貌符号来表示地貌。

（1）典型地貌　地貌的基本形态可归纳为山丘、洼地、山脊、山谷、鞍部、绝壁等几种典型地貌（图1-8）。

凸起而高于四周的高地称为山丘，凹入而低于四周的低地称为洼地，山坡上隆起的凸棱称为山脊，山脊上的最高棱线称为山脊线，两山坡之间的凹部称为山谷，山谷中最低点的连线称为山谷线，近似垂直的山坡称为绝壁，上部凸出、下部凹入的绝壁称为悬崖，相邻两个山头之间最低处的地形称为鞍部。

（2）等高线的概念　等高线是地面上高程相同的相邻各点所连接而成的闭合曲线。如图1-9所示，设有一位于平静湖水中的小山丘，山顶被湖水淹没时的水面高程为80m；然后水位下降5m，露出山头，此时水面与山坡有一条交线，且是闭合曲线，曲线上各点的高程相等，这就是高程为75m的等高线；水位又下降5m，山坡与水面又有一条交线，这就是高程为70m的等高线；依次类推，水位每降落5m，水面就与地表面相交留下一条等高线，从而得到一组相邻高差

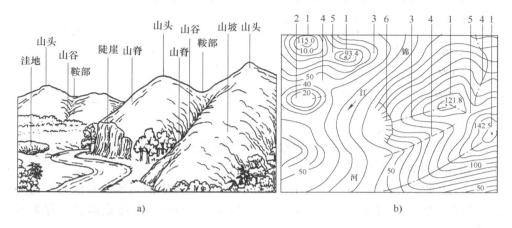

图 1-8　综合地貌及其等高线表示

为 5m 的等高线。把这组实地上的等高线沿铅垂线方向投影到水平面 H 上，并按规定的比例尺缩绘到图纸上，就得到用等高线表示该山丘地貌的等高线图。

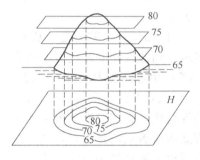

图 1-9　等高线

（3）等高距和等高线平距　相邻等高线之间的高差称为等高距，用 h 表示，图 1-9 中的等高距为 5m。在同一幅地形图上，等高距 h 是相同的。相邻等高线之间的水平距离称为等高线平距，用 d 表示。h 与 d 的比值就是地面坡度 i

$$i = \frac{h}{dM} \tag{1-7}$$

式中　M——比例尺分母。

i——坡度，一般用百分率表示，向上为正、向下为负。

地面坡度与等高线平距 d 的大小有关，由式（1-7）可知，等高线平距越小，地面坡度就越大；等高线平距相等，则坡度相同，因此可根据地形图上等高线的疏密来判定地面坡度的缓陡程度。

用等高线表示地貌时，等高距越小，显示地貌就越详细；等高距越大，显示地貌就越简略。但当等高距过小时，图上的等高线过于密集，将会影响图面的清晰度，因此在测绘大比例尺地形图时，基本等高距的大小是根据测图比例尺与测区的地形情况来确定的，见表 1-5。

表 1-5 地形图基本等高距 h   （单位：m）

比例尺	地形类别			
	平地	丘陵	山地	高山
1:500	0.5	0.5	0.5 或 1.0	1.0
1:1000	0.5	0.5 或 1.0	1.0	1.0 或 2.0
1:2000	0.5 或 1.0	1.0	2.0	2.0

（4）等高线分类

1）首曲线。同一幅图上，按规定的基本等高距描绘的等高线称为首曲线，用 0.15mm 的细实线表示。

2）计曲线。地形图上，为了便于读取高程，从规定的高程起算面起，每隔四个等高距将首曲线加粗为一条粗实线（线宽 0.3mm），并注记高程，称为计曲线。

3）间曲线。按二分之一基本等高距描绘的等高线称为间曲线，在图上用长虚线表示。

4）助曲线。按四分之一基本等高距描绘的等高线称为助曲线，一般用短虚线表示。间曲线和助曲线可不闭合，例如图 1-8b 的左下部分。

（5）用等高线表示典型地貌

1）山丘和洼地的等高线。图 1-8 中的 1 位置为山丘的等高线，2 位置为洼地的等高线。它们投影到水平面上都是一组闭合曲线，从高程注记中可以区分这些等高线所表示的是山丘还是洼地，也可通过等高线上的示坡线（图 1-8b 左上部分垂直于等高线的短线）来区分，示坡线的方向指向低处。

2）山脊和山谷的等高线。山脊的等高线是一组凸向低处的曲线（图 1-8b 中的 3 位置），各条曲线方向改变处的连接线即为山脊线（分水线）。山谷的等高线为一组凸向高处的曲线（图 1-8b 中的 4 位置），各条曲线方向改变处的连接线称为山谷线（集水线）。在地区规划及建筑工程设计时经常要考虑到地面的水流方向、分水线、集水线等问题，因此山脊线和山谷线在地形图测绘和地形图应用中具有重要的意义。

3）鞍部的等高线。相邻两个山头之间呈马鞍形的低凹部分称为鞍部。鞍部是山区道路选线的重要位置。鞍部左右两侧的等高线是近似对称的两组山脊线和两组山谷线（图 1-8b 中的 5 位置）。山区的越岭道路常须经过鞍部。

4）陡崖和悬崖的等高线。陡崖是坡度在 70° 以上的陡峭崖壁，分为石质和土质。如果用等高线表示，将是非常密集或重合为一条线，故采用陡崖符号来表示，如图 1-10a、b 所示。悬崖是上部凸出、下部凹进的陡崖，悬崖上部的等高线投影到水平面时，与下部的等高线相交；下部凹进的等高线部分用虚线表示，如图 1-10c 所示。

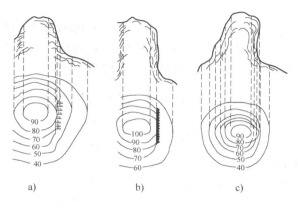

a)   b)   c)

图 1-10 悬崖等高线

（6）等高线的特性 通过研究等高线表示地貌的规律性，可以归纳出等高线的特征，它对正确地测绘地貌和勾画等高线，以及正确使用地形图都有很大帮助。

1）同一条等高线上各点的高程都相等。

2）等高线是闭合曲线，如果不在本幅图内闭合，则必在图外闭合。

3）除在悬崖、绝壁和陡坎处外，等高线在图上不能相交，也不能重合。

4）等高线平距越小，表示坡度越陡；等高线平距越大，表示坡度越缓；等高线平距相同，表示坡度相等。

5）等高线与山脊线、山谷线成正交。

二、地形图识读

为了正确地应用地形图，首先要能看懂地形图。通过对图上各种符号注记的识读，来判断其相互关系和自然形态，这就是地形图识图的主要目的。其他相关内容见《测量放线工（中级）》第一章第三节。

三、地形图应用

在工程建设规划设计时，常要用解析法或图解法在地形图上求出任意点的坐标和高程，确定两点之间的距离、方向和坡度，绘制断面图等，这些就是地形图的基本应用内容。

（1）确定图上点的坐标 图 1-11 是 1:1000 比例尺的坐标格网示意图，以此为例说明求图上 A 点坐标的方法。首先根据 A 的位置找出它所在的坐标方格网 $abcd$，过 A 点作坐标格网的平行线 ef 和 gh；然后用直尺在图上量得 $ag =$

75.3mm，$ae = 65.4$mm，由内图廓线的坐标可知 $x_a = 20.1$km，$y_a = 12.1$km，则 A 点坐标为

$$x_A = x_a + agM = 20100\text{m} + 75.3\text{mm} \times 1000 = 20175.3\text{m}$$

$$y_A = y_a + aeM = 12100\text{m} + 65.4\text{mm} \times 1000 = 12165.4\text{m}$$

如果图纸有伸缩变形，为了提高精度，可按下式计算

$$\left.\begin{aligned} x_A &= x_a + ag \times M \times \frac{l}{ab} \\ y_A &= y_a + ae \times M \times \frac{l}{ad} \end{aligned}\right\} \tag{1-8}$$

式中　l——方格 $abcd$ 的理论边长，一般为 10cm；

　　ad、ab——用直尺量取的方格边长。

（2）确定两点间的水平距离如图 1-11 所示，要确定 A、B 间的水平距离，可用如下两种方法求得。

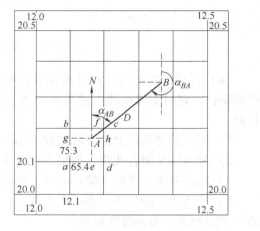

图 1-11　地形图应用

1）直接量测（图解法）。用卡规在图上直接卡出线段长度，再与图示比例尺进行比较，即可得其水平距离，即

$$D_{AB} = d_{AB}M \tag{1-9}$$

2）解析法。按式（1-8），先求出 A、B 两点的坐标，再由下列公式计算

$$D_{AB} = \sqrt{(x_B - x_A)^2 + (y_B - y_A)^2} \tag{1-10}$$

（3）确定直线的坐标方位角　若求图 1-11 中直线 AB 的坐标方位角，首先确定 A、B 两点的坐标，然后按下列通用公式确定直线 AB 的坐标方位角 α_{AB}

$$\alpha_{AB} = 180° - \text{sgn}(\Delta y_{AB})\left(90° + \arcsin\frac{\Delta x_{AB}}{S}\right)$$

$$= 180° - 90°\text{sgn}(\Delta y_{AB}) - \arctan\left(\frac{\Delta x_{AB}}{\Delta y_{AB}}\right) \tag{1-11}$$

用式（1-11）求直线方位角的优点是不需要考虑 A、B 两点的直线方位角在哪个象限，故适用性很强。

（4）确定点的高程　利用等高线，可确定点的高程。如图 1-12 所示，A 点在 28m 等高线上，M 点在 27m 和 28m 等高线之间，过 M 点作一直线基本垂直这

两条等高线，得交点 P、Q，则 M 点高程为

$$H_M = H_P + \frac{d_{PM}}{d_{PQ}}h \qquad (1-12)$$

式中 H_P——P 点高程；

       h——等高距；

d_{PM}、d_{PQ}——分别为图上 PM、PQ 线段的长度。

例如，在图上量得 $d_{PM} = 5\mathrm{mm}$、$d_{PQ} = 12\mathrm{mm}$，从图上可知 $H_M = 27\mathrm{m} + 5/12\mathrm{m}$ $= 27.4\mathrm{m}$。

（5）确定直线的坡度   如图 1-13 所示，A、B 两点间的高差 h_{AB} 与水平距离 D_{AB} 之比，就是 A、B 间的坡度 i_{AB}，即

$$i_{AB} = \frac{h_{AB}}{D_{AB}} \times 100\% = \frac{h_{AB}}{dM} \times 100\% \qquad (1-13)$$

若以坡度角 α 表示，则

$$\alpha = \arctan \frac{h_{AB}}{D_{AB}} \qquad (1-14)$$

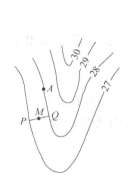

图 1-12   确定点的高程

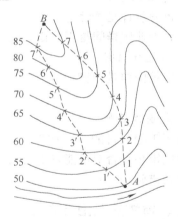

图 1-13   选定等坡路线

（6）按规定的坡度选定等坡路线   如图 1-13 所示，要从 A 向山顶 B 选一条公路的路线。已知等高线的基本等高距为 $h = 5\mathrm{m}$，比例尺为 1：10000，坡度 $i = 5\%$，则路线通过相邻等高线的平距 $D = h/i = 5\mathrm{m}/5\% = 100\mathrm{m}$。在 1：10000 图上，平距应为 1cm，用分规以 A 为圆心，1cm 为半径，作圆弧交 55m 等高线于 1 或 1′；再以 1 或 1′为圆心，按同样的半径交 60m 等高线于 2 或 2′；用同样方法可得一系列交点，直到 B。把相邻点连接，即得两条符合设计要求的路线方向。最后通过实地踏勘，综合考虑选出一条较理想的公路路线。

◆◆◆ 第二节 市政施工图纸审核

一、审核的原则

1. 安全适用性原则

应审核项目设计是否符合国家有关方针、政策及现行设计标准和规范的要求，防止因设计不合理导致生产安全事故的发生。审核采用了新结构、新材料、新工艺的建设工程是否安全可靠，是否满足消防、环境保护要求，设计单位是否在设计中提出保障施工人员安全和预防生产安全事故的措施。

2. 经济性原则

应审核工程估算、概算所包含的费用及其计算方法的合理性；根据项目功能及质量要求，审核能否充分发挥工程项目的社会、经济和环境效益。

3. 系统性原则

应审核设计是否综合考虑建筑造型、工艺设备、装修标准及施工技术等主要因素，各专业图样间是否有错、漏、碰、缺现象。

4. 节能性原则

应审核图样是否符合节能设计要求，设备及材料清单是否采用了优质节能产品。

5. 超前性原则

由于工程项目的"一次性""单件性"等特点，使其在建设中存在很多风险，故应审核是否对可能发生的问题有预见性和超前性考虑，是否制定相应的对策和预防措施。

二、审核的范围及内容

除法律、法规另有规定外，所有市政图样都须进行审查，重点审查以下范围的项目。

1）住宅小区、工厂生活区、地下工程，三层及以上的住宅工程。

2）建筑面积在 $300m^2$ 及以上的一般公共建筑工程，国家民用建筑工程设计等级分类标准规定的二级及以上民用建筑工程的装饰装修，工程投资额在 50 万元以上的建筑智能化、建筑幕墙、轻型钢结构等专项工程。

3）工程投资额在 30 万元以上的工业建筑工程，乙级及以上设计单位方可承接的构筑物。

4）工程投资额在 50 万元以上的给水排水、燃气、道路、热力等市政基础设施工程。

5）涉及城镇生命线的工程投资额低于 30 万元或建筑面积小于 300m^2 的建（构）筑物。

以上重点审查范围的项目，未取得施工图审查合格书的，建设行政主管部门不得颁发施工许可证；未加盖审图专用章的施工图设计文件不得作为施工、质量监督和验收的依据。

三、审核机构及人员

1. 审核机构

审核机构是专门从事施工图审查、不以营利为目的的独立法人实体，不得审查与其有隶属关系或者其他利害关系的建设单位、勘察设计单位的项目，并接受建设行政主管部门的指导和监督。

2. 审查人员

审查人员只能在一个审核机构从事审查工作，包括专职审查人员和兼职审查人员。兼职审查人员不得审查与本人有直接或间接利害关系的企业完成的施工图。审查人员分为两级：一级审查人员负责审查相应专业的项目，范围不受限制；二级审查人员负责二级及以下房屋建筑、中型及以下市政基础设施工程相应专业的审查工作。

四、审核程序及结果处理

施工图审查分两阶段进行，前期进行工程勘察文件审查；通过后，建设单位方可申报其他专业施工图接受审查。

审查机构对施工图进行审查，审查合格后向建设单位出具审查合格书，并在每一张图纸上加盖审图专用章；审查不合格的，审查机构应当出具审查意见书，将审查中发现的违反工程建设强制性标准，以及建设单位、勘察设计单位和注册执业人员违反法律、法规的问题逐一列出。审查不合格的施工图，原设计单位修改调整后可重新报审。

◆◆◆ 第三节　工程构造

一、工业建筑

工业建筑是指供人们从事各类生产活动的建（构）筑物。工业建筑在 18 世纪后期最先出现于英国，后来在美国及欧洲一些国家也兴建了各种工业建筑。我国在 20 世纪 50 年代开始大量建造各种工业建筑。

工业建筑的种类主要有：工业厂房、构筑物（如水塔、烟囱等）、高新技术产业建筑（供从事高新技术研究、产品开发及生产）、工业区配套设施建筑（如宿舍、食堂、垃圾站等）。其中，工业厂房是工业建筑中最常见的一种建筑物，它包括化工厂房、医药厂房、纺织厂房、冶金厂房等。

1. 工业建筑的分类

1）按用途分类，工业建筑分为主要生产厂房、辅助生产厂房、动力用厂房、储存用房屋和运输用房屋等。

2）按层数分类，工业建筑分为单层厂房、多层厂房和混合层次厂房等。

3）按生产状况分类，工业建筑分为冷加工车间、热加工车间、恒温恒湿车间、洁净车间、有爆炸可能性的车间、有大量腐蚀性介质作用的车间和防电磁波干扰车间等。

4）按结构类型分类，工业建筑分为砖木结构、砖混结构、钢筋混凝土结构和钢结构等。

2. 工业建筑的基本要求

（1）满足生产工艺要求

1）流程：直接影响各工段、各部门平面的顺序和相互关系。

2）运输工具和运输方式：与厂房平面、结构类型和经济效果密切相关。

3）生产特点：如散发大量余热和烟尘，排出大量酸、碱等腐蚀性物质或有毒、易燃、易爆气体，以及有温度、湿度、防尘、防菌等卫生要求等。

（2）合理选择结构形式　根据生产工艺的要求和施工条件，选择适宜的结构体系。钢筋混凝土结构常用于单层和多层厂房；钢结构多用在大跨度、大空间或振动较大的生产车间；砖木结构一般仅用于腐蚀性介质影响不大的建筑物，承重砖墙宜用不含石灰质的砂浆砌筑。最好采用工业化体系建筑，以节省投资、缩短工期。

（3）保证良好的生产环境

1）有良好的采光和照明。

2）有良好的通风。某些散发大量余热和烟尘的车间应重点解决好自然通风问题，可采用敞开式、半敞开式建筑。

3）控制噪声。除采取一般的降低噪声的措施外，还可设置隔声间。

4）对某些在温度、湿度、洁净度、无菌、防微振、电磁屏蔽、防辐射等方面有特殊工艺要求的车间，要在建筑平面、结构及空气调节等方面采取相应措施。

5）要注意厂房内外整体环境的设计，包括色彩和绿化等。

（4）合理布置用房　生活用房的布置方式按生产需要和卫生条件确定。车间行政管理用房和一些空间不大的生产辅助用房，可以和生活用房布置在一起。散发大量腐蚀性介质的厂房、仓库、储罐等，应尽可能集中布置于常年主导风向的下风侧，厂房和仓库的长轴应尽量垂直于主导风向。

（5）总平面布置　厂址选定后，总平面布置应以生产工艺流程为依据，确定全厂用地的选址和分区，工厂的总体平面布局和竖向设计，以及公用设施的配置，运输道路和管道网路的分布等。

总平面布置的关键是合理解决全厂各部分之间的分隔和联系，从发展的角度考虑全局问题。生产经营管理用房的布置，以及解决生产过程中的污染问题和环境保护都属于总平面布置要完成的任务。

（6）防腐蚀设计　工业生产过程中应用和产生的酸、碱、盐及腐蚀性溶剂，大气、地下水、地面水、土壤中所含的腐蚀性介质，都会使建筑物受到腐蚀，因此工业建筑设计中必须重点关注防腐蚀设计。防腐蚀设计的原则是：限制腐蚀性介质的作用范围；将腐蚀性介质稀释排放；在建筑布置、结构选型、节点构造和材料选择等方面采取防护措施。

二、工业建筑及市政工程基本知识概述

市政工程是指城市建设中的各种公共交通设施、给水排水、燃气等基础设施建设，是城市生存和发展必不可少的物质基础。随着国民经济的飞速发展，城市建设也在不断发展，对市政工程的要求不再只是实用性，而是向功能性、美观性、文化性方面发展，这就给设计及施工人员提出了更高的要求。市政工程施工的对象，关系到城市功能、公共利益和市民生活的城市基础设施，这种施工行为经常是落实政府及建设部门关于城市建设的重大决策。下面从城市道路、市政管道两个方面介绍市政工程的基本知识。

1. 城市道路基础知识

（1）城市道路的组成与特点　城市道路的组成主要有以下几个方面：

1）车行道。车行道是供各种车辆行驶的路面部分，分为机动车道和非机动车道。

2）人行道。人行道是人群步行的道路，包括地下人行通道和人行天桥。

3）分隔带。分隔带是安全防护的隔离设施，防止车辆越道逆行的分隔带设置在道路中线位置，将左右或上下行车道分开。

4）排水设施。排水设施包括用于收集路面雨水的平式或立式雨水口、支管、窨井等。

5）交通辅助性设施。交通辅助性设施是为组织、指挥交通和保障、维护交通安全而设置的辅助性设施。

6）街面设施。街面设施包括照明灯柱、架空电线杆、消防栓、邮政信箱、

清洁箱等。

7）地下设施。地下设施包括给水管、污水管、煤气管、通信电缆、电力电缆等。

城市道路有以下特点：

1）功能多样、组成复杂、艺术要求高。

2）车辆多、类型复杂、车速差异大。

3）道路交叉口多，易发生交通阻塞和交通事故。

4）需要大量的附属设施和交通管理设施。

5）规划、设计、施工的影响因素多，政策性强，必须贯彻有关的方针和政策。

6）交通量大，交通吸引点多，使得车辆和行人交通错综复杂，机动车与非机动车相互干涉严重。

（2）城市道路的分类　城市道路是城市组织生产、安排生活、物质流通所必须具备的条件，是连接城市各个功能分区和对外交通的纽带。城市道路分为快速路、主干路、次干路和支路四种。路面按力学特征可分为柔性路面和刚性路面；按材料和施工方法可分为碎（砾）石类、结合材料稳定类、沥青类、水泥混凝土类和块料类；按等级分为高级路面、次高级路面、中级路面和低级路面。

（3）城市道路网基本知识　城市道路网在平面上的表现形式为平面几何图形，是城市总平面图的骨架，各条道路相互配合，把城市的各个部分有机联系起来。我国目前现有的道路系统主要有方格网式、环形放射式、自由式和混合式四种结构形式。

1）方格网式道路网。方格网式道路网又称为棋盘式道路系统，是道路网中最常见的一种。其优点是布置整齐，有利于建筑布置和方向识别，道路定线方便，交通组织方便、灵活，不易造成市中心交通压力过重；其缺点是对角线交通不便，非直线系数较大，使市内两点间的行程增加，交通工具的使用效率降低。

2）环形放射式道路网。环形放射式道路网是由市中心向外辐射路线，四周以环路沟通，有利于市中心对外的交通联系，多适用于大城市和特大城市。其优点是中心区与各区，以及市区与郊区都有短捷的交通联系，非直线系数小；其缺点是交通组织不如方格网式道路网灵活，街道划分不灵活、不规则，很容易造成市中心交通压力过重、交通集中。

3）自由式道路网。自由式道路网多以结合地形为主，路线布置依据城市地形起伏而无一定的几何图形。其优点是能充分结合自然地形，适当节约工程造价，线形流畅，自然活泼；其缺点是城市中的不规则街坊较多，建筑用地分散，非直线系数较大。

4）混合式道路网。混合式道路网也称为综合式道路系统，是以上三种形式的结合，故设计时要合理规划，充分吸收各种形式道路网的优点，组成一种较合理的道路网。

2．市政管道工程

（1）排水系统　排水系统是城市中为了收集、运送、处理、排放雨（污）水而修建的地下管道系统，由管道、泵站、处理厂等设施组成。排水系统主要包括自然降水、生活污水和工业废水的收集、处理和排放，分为合流制系统和分流制系统两类。排水管道的施工主要有开槽排管和非开挖敷设管道两种方法。

（2）管道的类型、接口与附属物　管道的类型主要有混凝土承插管、钢筋混凝土承插管、钢筋混凝土平口管、钢筋混凝土企口管、预应力混凝土管、聚氯乙烯波纹管、玻璃钢夹砂管、陶土管、金属管、预应力钢筒混凝土管等。管道的接口采用柔性接口、刚性接口和半柔半刚性接口等三种方法。管道的附属物主要包括检查井、连管、雨水口、进出水口、倒虹管等。

（3）管道施工　开槽埋管的施工项目包括施工准备、放样定位、管线保护、降水排水、开挖沟槽、支撑围护、铺筑基础、排设管道、砌筑窨井、闭水检查、管座施工、拆除井点、分层回填、拆除支撑等。管道施工有顶管法和盾构法两种方法。

◇◇◇ 第四节　应用数学

一、解析几何与二次曲线

1．解析几何

解析几何包括平面解析几何和空间解析几何两部分，它的建立第一次实现了几何方法与代数方法的结合，使形与数统一起来。解析几何的基本思想是指出平面上（或空间）的点和实数对 (x, y) 或 (x, y, z) 的对应关系，用 (x, y) 或 (x, y, z) 的不同数值确定平面上（或空间）不同的点，用代数的方法研究曲线的性质。除了直角坐标系外，还有斜坐标系、极坐标系等。

在平面解析几何中，除了研究直线的有关性质外，还研究圆锥曲线（圆、椭圆、抛物线、双曲线）的有关性质。在空间解析几何中，除了研究平面、直线的有关性质外，还研究柱面、锥面、旋转曲面的性质。总的来说，解析几何可解决两类基本问题：一类是满足给定条件点的轨迹，通过坐标系建立它的方程；另一类是通过方程的讨论，研究方程所表示的曲线性质。

运用坐标法解决问题的步骤是：先建立平面（或空间）坐标系，把已知点轨迹的几何条件转换成代数方程；再运用代数工具对方程进行研究；最后把代数方程的性质用几何语言表示，从而得到原先几何问题的答案。

2. 二次曲线

二次曲线是平面直角坐标系中 x, y 的二次方程所表示的图形的统称。常见的二次曲线有圆、椭圆、双曲线和抛物线。因为它们可以用不同位置的平面截割直圆锥面而得到，所以又称为圆锥截线（图1-14）。当截面不通过锥面的顶点时，曲线可能是圆、椭圆、双曲线、抛物线；当截面通过锥面的顶点时，曲线退缩成一点、一直线或两相交直线。

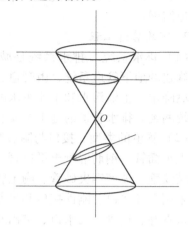

图1-14 二次曲线

在平面直角坐标系下，二次曲线的一般方程为

$$F(x,y) = ax^2 + 2hxy + by^2 + 2gx + 2fy + c = 10 \tag{1-15}$$

若二次曲线方程可以分解为两个一次方程的乘积，那么二次曲线就退化为两条直线，或者是两条相交直线，或者是两条平行直线，或者是两条重合直线。通过对二次曲线方程进行讨论，可以将二次曲线分为三大类型：椭圆、双曲线和抛物线（圆作为椭圆的特殊情形包括在椭圆之中）。通过坐标轴的适当平移和旋转，可以把任意一个二元二次方程化简，从而区别出它表示的是哪种曲线。

二次曲线方程的化简方法：中心曲线的化简，一般采用先移轴后转轴；非中心二次曲线的化简，一般采用先转轴后移轴。转轴化简二次曲线方程时，只要旋转适当的角度，就可使方程中的乘积项消去，由公式

$$\cot 2\alpha = \frac{a-b}{2h} \tag{1-16}$$

给出，然后将变换公式

$$\left. \begin{array}{l} x = x'\cos\alpha - y'\sin\alpha \\ y = x'\sin\alpha + y'\cos\alpha \end{array} \right\} \tag{1-17}$$

代入原方程即可。

【例1-2】 化简二次曲线方程 $x^2 + 4xy + 4y^2 + 12x - y + 1 = 0$。

【解】 先通过旋转消去 xy 项，按式（1-17）求得 $\cot 2\alpha = -3/4$，然后根据三角公式 $\sin(\alpha) = 2t/(1+t^2)$、$\cos(\alpha) = (1-t^2)/(1+t^2)$、$\tan(\alpha) = 2t/(1-t^2)$ 及 $t = \tan(\alpha/2)$ 可求得 $\sin\alpha = 2/\sqrt{5}$，$\cos\alpha = 1/\sqrt{5}$；

再求出旋转公式

$$\begin{cases} x = \dfrac{1}{\sqrt{5}}(x' - 2y') \\ y = \dfrac{1}{\sqrt{5}}(2x' + y') \end{cases}$$

代入原方程，化简整理得转轴后的新方程为 $5x'^2 + 2\sqrt{5}x' - 5\sqrt{5}y' + 1 = 0$。

二、CASIO $fx - 4800P$ 程序型函数计算器的使用

在《测量放线工（中级）》中已经介绍了 CASIO $fx - 4800P$ 的基本操作，这里再介绍一些针对测量工作的操作。

1. CASIO $fx - 4800P$ 程序型函数计算器的存储器与统计计算

（1）多重语句使用　多重语句是由若干个表达式连接而成，用于连续计算。若只需显示最后一个表达式的计算结果，可用 SHIFT ： 键连接；对需显示计算结果的表达式用 SHIFT ◢ 键连接。在多重语句中，后一个语句不能直接使用前一个语句的执行结果，例如在计算坐标增量时，常希望同时获得 Δx，Δy，即可通过此功能键实现。

（2）单变量统计计算　只需在输入数据后显示出单变量统计选单，并选择所需的计算结果类型即可。

【例1-3】　利用 CASIO $fx - 4800P$ 程序型函数计算器计算数据 55、54、51、55、53、53、54、52 的统计结果，并求无偏方差及各数据项偏离平均的偏差值。

【解】　先清除统计存储器的内容，FUNCTION 6 （DSP/CLR） 6 （Scl） EXE 。

接着输入数据，55 DT 54 DT 51 DT 55 DT 53 DT DT 54 DT 52 DT ；显示统计计算结果，FUNCTION 6 （RESULTS）。

计算无偏方差，EXIT FUNCTION 7 （STAT） 3 （$x\sigma_{n-1}$） x^2 EXE ；计算偏离平均的偏差值，55 — FUNCTION 7 （STAT） 1 （$\bar{x}$） EXE ；54 — FUNCTION 7 （STAT） 1 （$\bar{x}$） EXE ；…

（3）双变量统计计算　LR 模式提供进行回归计算的所有工具。

【例1-4】　利用 CASIO $fx - 4800P$ 程序型函数计算器对下表数据进行线性回归计算，以求出回归公式各项及相关系数；然后使用回归公式估计 18℃ 时的大气压及 1000hPa 时的温度。

表1-6　线性回归计算表

温度/℃	大气压/hPa	温度/℃	大气压/hPa
10	1003	25	1011
15	1005	30	1014
20	1010		

【解】　先清除统计存储器的内容，FUNCTION 6 （DSP/CLR） 6 （Scl） EXE 。

接着输入数据，10⛝1003⛝15⛝1005⛝20⛝1010⛝25⛝1011⛝30⛝1014⛝；显示统计计算结果，⛝⛝（RESULTS）。

计算 18℃ 时的大气压，⛝18⛝7（STAT）⛝⛝5（$\hat{y}$）⛝；计算 1000hPa 时的温度，1000⛝7（STAT）⛝⛝4（$\hat{x}$）⛝。

（4）直角坐标与极坐标换算　由直角坐标增量 Δx，Δy 计算极坐标 r，θ：使用 Pol 函数键入⛝1⛝5，格式为 Pol（Δx，Δy），计算出的 r 保存在 I 存储器中，θ 保存在 J 存储器中。

由极坐标 r，θ 计算直角坐标增量 Δx，Δy：使用 Rec 函数键入⛝1⛝6，格式为 Rec（r，θ），计算出的 Δx 保存在 I 存储器中，Δy 保存在 J 存储器中。

2. 程序编制与运算

程序由多个顺序输入的表达式组成，一个字符或一个函数占用一个字节，有些函数（如 Lab n、Goto n）占用两个字节。如果没有定义扩充存储器变量，程序区域总共可储存 4500 字节的程序。按键⛝5 即进入程序菜单。

（1）程序命令　程序中除应有表达式外，还需有逻辑判断和控制转移命令，这些命令称为程序命令。按键⛝3 可显示和选择这些命令，如图 1-15 所示。

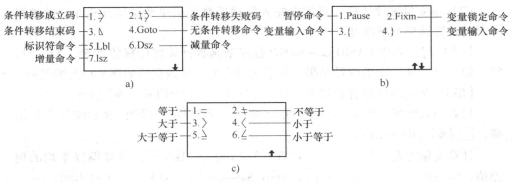

图 1-15　按键⛝3 显示的程序命令菜单

（2）程序输入、程序编辑与程序名编辑方法

1）程序输入方法。按键⛝51，屏幕显示输入程序文件名菜单，输入由字母或数字组成的字符串作文件名后，按⛝键，屏幕显示进入选择程序计算模式菜单，可以在 COMP、BASE – N、SD 或 LR 模式下执行程序。若选择 COMP 模式，键入 1，即可输入程序。可使用"："或"▰"字符将语句连接起来连续输入，也可按键⛝添加换行符"↵"。

2）程序编辑方法。按键⛝53，在弹出的程序名菜单中重复按键⛝，使光标位于要编辑的程序文件名上，按⛝键，屏幕显示该程序，使用四个光标移动键移动当前光标的位置。按键⛝可删除当前光标处的字符，按键⛝⛝可使当前光标位置处于插入字符状态，一旦移动了光标，插入字符状态失效。

3）程序名编辑方法。使光标位于要编辑的程序文件名上，按⟦FUNCTION⟧键，进入修改程序文件名菜单，"1. SEARCH" 选项为搜索包含指定字符的文件名；按键2 选择重新命名选项 "2. RENAME"，用户可输入新的文件名覆盖旧文件名，按⟦EXE⟧键即完成文件名的修改。

（3）变量输入命令 "｜｜" 在程序运行中，计算器会自动提示用户输入变量的值，因此在程序中必须说明作为变量使用的存储器名。如 ｛A｝ 表示 A 为存储器变量；｛AB｝、｛A，B｝ 或 ｛A B｝ 表示 A、B 均为存储器变量。程序按存储器变量在程序中出现的先后顺序提示用户输入存储器变量，若不便于将存储器变量出现的顺序按变量输入命令 "｜｜" 表中的顺序排列，则当存储器变量只需在程序中输入一次时，可直接使用变量名并用连接符号 "："连接。

（4）计数转移 计数转移由数值存储器 Isz 内容加一或数值存储器 Dsz 内容减一控制。在对数值存储器内容进行增一或减一操作后，若其没有变为 0，则执行紧接于数值存储器名后面的语句，否则跳过该语句。

（5）执行程序的方法 可在 COMP、BASE – N、SD 或 LR 模式下执行程序，有三种方法：

1）使用 Prog 语句：按键⟦SHIFT⟧⟦Prog⟧⟦SHIFT⟧⟦ALPHA⟧⟦"⟧⟦M⟧⟦N⟧⟦R⟧⟦"⟧⟦EXE⟧。

2）使用 File 语句：按键⟦FILE⟧，屏幕显示已存储的全部程序的文件名，选中要执行的文件名 MNR 后，按键⟦EXE⟧。

3）使用程序菜单：按键⟦MODE⟧52，选中要执行的文件名 MNR 后，按键⟦EXE⟧。

【例1-5】 已知某两点的坐标分别为（981.852，960.035）、（354.516，181.286），编写一个程序，计算该两点间的距离及两点所在直线的坐标方位角。

【解】 程序：

$$A''X1 = '': B''Y1 = '': C''X2 = '': D''Y2 = '':$$

$$\text{Fixm}: \text{Pol}(C - A, D - B):$$

$$I''D = '' \blacktriangleleft$$

$$J < 0 \Rightarrow J = J + 360 \blacktriangleleft J \rightarrow DMS''FWJ'' \blacktriangleleft$$

操作：将上述程序输入计算器后，按键⟦MODE⟧52 及⟦▼⟧选择该程序，按键⟦EXE⟧，根据屏幕提示依次输入：981.852、960.035，354.516、181.286；按键⟦EXE⟧，输出结果：D = 1000.000，FWJ = 231.0846。

◈◈◈ 第五节 绘图软件 CASS2008 的使用

一、CASS2008 在工程中的应用

CASS2008 在工程中的应用主要内容包括基本几何要素查询、DTM 法土方计

算、断面法土方计算、方格网法土方计算、断面图绘制、公路曲线设计等。

1. 基本几何要素查询

（1）查询指定点坐标　用鼠标点取"工程应用"菜单中的"查询指定点坐标"，点取要查询的点即可。也可先进入点号定位方式，再输入要查询的点号。

（2）查询两点距离及方位　用鼠标点取"工程应用"菜单下的"查询两点距离及方位"，分别点取要查询的两点即可。也可先进入点号定位方式，再输入两点的点号。

（3）查询线长　用鼠标点取"工程应用"菜单下的"查询线长"，再点取图上曲线即可。

（4）查询实体面积　用鼠标点取待查询实体的边界线即可，要注意实体应该是闭合的。

（5）计算表面积　对于不规则地貌，其表面积很难通过常规方法来计算。可以通过建模的方法来计算。系统通过 DTM 建模，在三维空间内将高程点连接为带坡度的三角形，再通过每个三角形面积累加得到整个范围内不规则地貌的面积。还可以根据图上的高程点来计算，操作步骤与上述方法相同，但计算的结果会有差异，因为由坐标数据文件计算时，边界上内插点的高程由全部的高程点参与计算得到；而由图上的高程点来计算时，边界上的内插点只与被选中的点有关，故边界上内插点的高程会影响到表面积的结果。

2. 土方量计算

（1）DTM 法土方计算　由 DTM 模型来计算土方量是根据实地测定的地面点坐标（X，Y，Z）和设计高程，通过生成三角网来计算每一个三棱锥的填、挖方量，最后累计得到指定范围内填方和挖方的土方量，并绘出填、挖方分界线。DTM 法土方计算共有三种方法：由坐标数据文件计算；依照图上的高程点计算；依照图上的三角网计算。前两种算法包含重新建立三角网的过程；第三种方法直接采用图上已有的三角形，不再重建三角网。

点击"等高线"，选"建立 DTM"，如图 1-16 所示；选"由图面高程点生成"，点击"确定"；按下"回车"键，选取区域的边界线，自动生成三角网；在"工程应用"中点击"DTM 法土方计算"，选"根据图上三角网"；命令行提示"输入平整场地高程"，按下"回车"键；土方量计算完成。

（2）断面法土方计算　断面法土方计算主要用在公路土方计算和区域土方计算，对于特别复杂的地方可采用任意断面设计方法。断面法土方计算主要有道路断面、场地断面和任意断面三种计算方法。

点击"工程应用"，选择"断面法土方计算"，选择"图面土方计算"；框选道路横断面后，命令行提示"指定土石方计算表左上角位置"；点击某个位置后，自动生成土石方计算表。

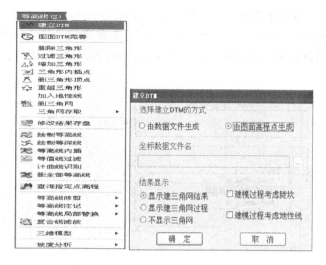

图 1-16　建立 DTM 界面

（3）方格网法土方计算　用方格网法计算土方量时，设计面可以是平面，也可以是斜面，还可以是三角网。使用方格网计算土方前，须使用 PLINE 复合线围取闭合的土方量计算边界，注意一定要闭合，尽量不要拟合（因为拟合过的曲线在进行土方计算时会用折线迭代，影响计算结果的精度）。

1）设计面是平面。选择"工程应用\方格网法土方计算"命令。命令行提示"选择计算区域边界线"；选择"土方计算区域的边界线"；弹出"方格网土方计算"对话框，在对话框中选择所需的坐标数据文件（原始的地形坐标数据）；在"设计面"栏选择"平面"，并输入目标高程；在"方格宽度"栏，输入方格网的宽度，默认值为 20m。点击"确定"，命令行提示"最小高程、最大高程、总填方、总挖方的数值"，同时图上绘出所分析的方格网，以及填、挖方的分界线，并给出每个方格的填、挖方，每行的挖方和每列的填方。

2）设计面是斜面。设计面是斜面的操作步骤与设计面是平面基本相同，区别是在"方格网土方计算"对话框的"设计面"栏中，选择"斜面［基准点］"或"斜面［基准线］"。如果设计面是斜面（基准点），点击"拾取"，命令行提示"点取设计面基准点"，确定设计面的基准点；指定斜坡设计面向下的方向，点取斜坡设计面向下的方向。如果设计面是斜面（基准线），点击"拾取"，命令行提示"点取基准线第一点"，点取基准线的一点；命令行提示"点取基准线第二点"，点取基准线的另一点；指定设计高程低于基准线方向上的一点，指定基准线方向两侧较低的一边。

3）设计面是三角网文件。在"方格网土方计算"对话框中，于顶部选择所需的坐标数据文件（原始地形坐标数据）；选择设计的三角网文件，点击"确定"，即可进行方格网土方计算，如图 1-17 所示。

（4）等高线法土方计算　CASS2008 开发了由等高线计算土方量的功能，专为用户设计。用此功能可计算任两条等高线之间的土方量，但所选等高线必须闭合（图 1-18）。

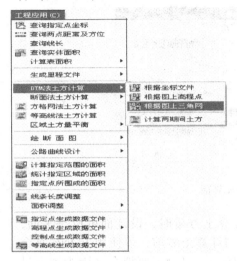

图 1-17　DTM 法土方计算

图 1-18　某地形图等高线

如图 1-19 所示，点取"工程应用"下的"等高线法土方计算"；屏幕提示"选择对象"，可逐个点取等高线，也可按住鼠标左键拖框选取；按"回车"键后屏幕提示"输入最高点高程"（直接按"回车"键不考虑最高点）；按"回车"键，屏幕弹出总方量消息框；按"回车"键后屏幕提示"请指定表格左上角

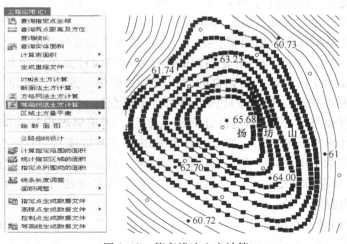

图 1-19　等高线法土方计算

位置"（直接按"回车"键不绘制表格）；在图上空白区域点击鼠标右键，系统将在该点绘出计算成果表格。

3．断面图绘制

绘制断面图的方法有四种：由图面生成；根据里程文件绘制；根据等高线绘制；根据三角网绘制。下面介绍由里程文件绘制断面图的步骤。

（1）生成里程文件　在图上画出纵断面线；在"工程应用"中选择"生成里程文件"，选择"由纵断面线生成"下的"新建"；选择画好的纵断面线；获取中桩点，按命令行依次输入断面间距、断面线左右长度；点击"确定"，图上生成多条横断面线；点取"由纵断面线生成"下的"生成"，选择纵断面线；出现"生成里程文件"窗口，打开高程点数据文件，指定需要保存的生成了的里程文件名和里程文件对应的数据文件名，并指定断面线插值间距及起始里程。

（2）编辑横断面设计文件　有里程文件而没有横断面设计文件，不能生成原始地形与设计平面闭合的断面图。

（3）生成纵断面和多个横断面图　在"工程应用"中选择"断面法土方计算"，选择"道路断面"；在弹出的"断面设计参数"对话框中，指定上述步骤（1）中生成的里程文件和上述步骤（2）中编辑好的横断面设计文件，并输入路宽后，单击"确定"；弹出"绘制纵断面图"对话框，设置道路纵断面图的纵、横比例，以及标尺等断面图参数后，点击"…"，用鼠标在绘图区定位出所需生成纵断面图的左下角位置；单击"确定"，系统自动生成纵断面图，再用鼠标在绘图区定位出横断面图的生成位置，系统自动生成道路的多个横断面图。

4．公路曲线设计

点击"工程应用"中的"公路曲线设计"，屏幕弹出"输入平曲线已知要素文件名"对话框；选择曲线要素文件，提示"选择曲线类型"（默认为缓和曲线）；选定平曲线要素表的左上角点，在屏幕上点取位置，即可生成公路曲线要素表。

5．面积应用

长度调整：选择复合线或直线，程序自动计算所选线条的长度，并调整到指定的长度。面积调整：通过调整封闭复合线的一点或一边，把该复合线面积调整成所要求的目标面积。

6．图数转换

（1）数据文件　点取"工程应用"，分别选择"指定点生成数据文件""高程点生成数据文件""控制点生成数据文件"及"等高线生成数据文件"，屏幕上都将弹出"输入数据文件名"对话框，对各种数据文件进行保存。

（2）交换文件

1）生成交换文件：用鼠标点取"数据处理"菜单下的"生成交换文件"，屏幕上弹出"输入数据文件名"对话框，选择数据文件。

2）读入交换文件：用鼠标点取"数据处理"菜单下的"读入交换文件"。屏幕上弹出"输入 CASS 交换文件名"对话框，选择数据文件。系统根据交换文件的坐标设定图形的显示范围，使交换文件中的所有内容都可以包含在屏幕显示区中。系统逐行读出交换文件的各图层、各实体的各项空间或非空间信息并将其画出来，同时，加入各实体的属性代码。

二、CASS2008 常用快捷命令

表 1-7 列出了一些 CASS2008 常用的快捷命令，在绘图时可灵活运用，提高绘图效率。

表 1-7　CASS2008 常用快捷命令

	CASS2008 系统中		
快捷命令	含义	快捷命令	含义
DD	通用绘图命令	W	绘制围墙
V	查看实体属性	K	绘制陡坎
S	加入实体属性	XP	绘制自然斜坡
F	图形复制	G	绘制高程点
RR	符号重新生成	D	绘制电力线
H	线型换向	I	绘制道路
KK	查询坎高	N	批量拟合复合线
X	多功能复合线	O	批量修改复合线高
B	自由连接	WW	批量改变复合线宽
AA	给实体加地物名	Y	复合线上加点
T	注记文字	J	复合线连接
FF	绘制多点房屋	Q	直角纠正
SS	绘制四点房屋		
	AutoCAD 中		
快捷命令	含义	快捷命令	含义
A	画弧	LT	设置线型
C	画圆	M	移动
CP	复制	P	屏幕移动
E	删除	Z	屏幕缩放
L	画直线	R	屏幕重画
PL	画复合线	PE	复合线编辑
LA	设置图层		

◇◇◇ **第六节　工程知识与数学函数技能训练**

- **训练 1　CASIO $fx-4800P$ 程序型函数计算器编程计算**

图 1-20 为水准测量要求施测的某附合水准路线观测成果略图。$BM-A$ 和 $BM-B$ 为已知高程的水准点，图中箭头表示水准测量的前进方向，路线上方的数字为测得的两点间的高差（单位为"m"），路线下方的数字为该段路线的长度（单位为"km"），计算待定点 1、2、3 点的高程。

图 1-20　某附合水准路线观测成果略图

用 CASIO $fx-4800P$ 程序型函数计算器进行编程计算，主要步骤有：

1. 变量对照

变量对照见表 1-8。

表 1-8　变量对照

数学模型变量	$fx-4800P$ 变量	单位	注释
H_A	A	m	起始点高程
H_B	B	m	终止点高程
i	N		测段计数
h_i	C，$Z\,[2N]$	m	观测高差
L_i 或 n_i	K，$Z\,[2N-1]$	km 或站数	测段路线的长度或测站数
f	F	m	路线闭合差
	G	m	待求点高程
	P		$P=1$ 代表平坦，其余数代表山地
	D		未知水准点的数量

2. 程序

程序名：SZJS

P: D: A: B: Defm 8

$D = D + 1 : N = 0 : F = 0 : M = 0$

Lab 0

$N = N + 1$

{CK}

$Z[2N-1] = C : F = F + C$

$Z[2N] = K : M = M + K$

$N < D \Rightarrow$ Goto 0 ◣

$P = 1 \Rightarrow W = 0.04 \sqrt{M} : \neq \Rightarrow W = 0.012 \sqrt{M}$ ◣

$F = F + A - B$ ◢

Abs $F < W \Rightarrow F = -F \div M :$ Goto E ◣

$N = 0 : G = A$

Lbl 1

$N = N + 1$ ◢ $G = G + Z[2N-1] + FZ[2N]$ ◢

$N < D \Rightarrow$ Goto 1 ◣

$G - B$

Lbl E

3. 操作步骤

将上述程序以 SZJS 的文件名输入计算器后，按键 [MODE]52 及 [▼] 选择程序 SZJS，按键 [EXE]，屏幕提示及操作步骤如下：

1）按键 1[EXE]，输入水准路线类型。

2）按键 3[EXE]，输入未知高程点数量。

3）按键 45.286[EXE]，路线起点高程。

4）按键 49.579[EXE]，路线终点高程。

5）按键 2.331[EXE]，测段高差。

6）按键 1.6[EXE]，测段路线长或测站数。

7）按键 2.813[EXE]→2.1[EXE]→2.244[EXE]→1.7[EXE]→1.430[EXE]→2.0[EXE]。

8）按键 [EXE]，路线闭合差。

9）按键 [EXE]，点号→按键 [EXE]，高程→按键 [EXE]，点号→按键 [EXE]，高程→按键 [EXE]，点号→按键 [EXE]，高程→按键 [EXE]，点号→按键 [EXE]，高程。

10）按键 [EXE]，检核计算结果。计算得 $H_1 = 47.609$m，$H_2 = 50.411$m，$H_3 = 48.159$m。

注意事项：

① 程序中命令 Defm 8 是按 3 个未知水准点设置，计算时要根据实际未知水准点的数量进行修改。如未知水准点的数量为 n，则应将其修改为数值 $2(n+1)$。

② 上述例题为单一附合水准路线，若为单一闭合水准路线，则只需将路线的终点高程输入为路线的起点高程即可。

③ P 输入 1 为平坦地区水准测量，此时 K 输入的数值为测段路线的长度；P 输入其余任意数时为山地水准测量，此时 K 输入的数值为测段路线的测站数。

● 训练 2 数字地形图识读

数字地形图是一种以电子测量仪器采集数据，并以计算机辅助成图的电子地图。与纸质地形图相比，它具有便于使用、储存和绘制等优点，所以应用十分广泛。

在数字地形图上，点状地物通常由点状符号表示。线状地物的特征线可用由一系列点构成的多线段来表示。面状地物分为两类：一类如建筑物、稻田等，通常用其轮廓线来表示；另一类如斜坡、林地等，它的轮廓特征线可用类似于表示线状地物的方法表示。数字地形图中用等高线来表示地貌。

如图 1-21 所示，请指出图中的各种地物、地貌，简述它们是如何表示的。

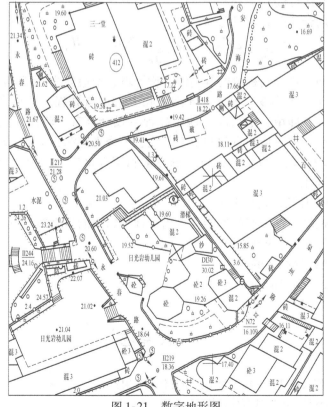

图 1-21 数字地形图

• 训练3 土石方量计算

利用地形图进行填、挖土方量的概算，其方法主要有方格网法、等高线法和断面法等三种。其中，方格网法的应用最广泛，下面用该方法介绍如何进行土石方量计算。

1. 平整为水平场地

（1）在地形图上绘制方格网 方格网的尺寸取决于地形的复杂程度、地形图的比例尺及土方概算的精度要求。方格网绘制完后，根据地形图上的等高线，用内插法求出每一方格顶点的地面高程，并注记在相应方格顶点的右上方。

（2）计算设计高程 先将每一方格顶点的高程加起来除以4，得到各方格的平均高程；再把每个方格的平均高程相加除以方格总数，就得到设计高程 H_0

$$H_0 = \frac{H_1 + H_2 + \cdots + H_i}{n} \tag{1-18}$$

式中 H_i——每一方格的平均高程；

n——方格总数。

设计高程的计算公式也可写为

$$H_0 = \frac{\sum H_角 + 2\sum H_边 + 3\sum H_拐 + 4H_中}{4n} \tag{1-19}$$

在图上内插出设计高程值的等高线，称为填、挖边界线（或零线）。

（3）计算填、挖高度 根据设计高程和方格顶点高程，计算出每一方格顶点的填、挖高度，即填、挖高度 = 地面高程 – 设计高程。将图中各方格顶点的填、挖高度写在相应方格顶点的左上方，注意正号为挖深，负号为填高。

（4）计算填、挖土方量 计算的挖方量和填方量应该相等，满足"填、挖方量平衡"的要求。

2. 平整为设计坡度的倾斜面

一般可根据填、挖平衡的原则，绘出设计倾斜面的等高线。其步骤如下：

1）确定设计等高线平距。

2）确定设计等高线的方向。

3）插绘设计倾斜面的等高线。

4）计算填、挖土方量。

复习思考题

1. 什么是比例尺精度？它在测绘工作中有什么作用？

2. 地物符号有哪几种？各有什么特点？

3. 什么是等高线？在同一幅图上，等高距、等高线平距与地面坡度三者之间的关系是什么？

4. 地形图应用有哪些基本内容？

5. 为保证地形图的质量，应采取哪些主要措施？

6. CASIO $fx-4800P$ 程序型函数计算器有哪些特点？

7. CASS2008 在工程中主要有哪几方面的应用？

8. 数字地形图与传统纸质地形图相比，有什么优点？

9. 计算土石方量的常用方法有哪几种？在 CASS2008 中，分别是如何操作的？

第 二 章

测量误差理论及应用

一、误差产生的原因

测量工作是由观测者使用测量仪器在一定的外界环境下进行的，产生测量误差的原因很多，概括起来有下列三个方面：

1. 仪器

测量工作通常使用的仪器有水准仪、经纬仪、全站仪、全球定位系统接收机等，测量仪器的制造工艺不可能十分完善，仪器轴线间的几何关系无论是构造还是使用过程中的校正都不可能完全达到设计要求，从而导致测量结果必定会受到仪器误差的影响。对于不同等级、不同类型的测量仪器，其精密程度也是不一样的，仪器误差的影响也是不同的。

2. 观测

由于观测者感觉器官的鉴别能力存在局限性，在对仪器的各项操作中，如瞄准目标、读数估读等方面都会产生误差。此外，观测者的技术水平和工作态度也会对观测成果带来不同程度的影响。

3. 环境

测量工作一般是在野外进行的，所处的外界环境，如雾、风振、阳光照射等因素必然会使测量的结果产生误差。

上述三个方面的因素是引起测量误差的主要原因，也是测量工作不可缺少的客观条件，因此把这三个方面的因素综合起来称为观测条件。观测条件与观测成果的质量有着密切的联系：在较好的观测条件下进行观测，观测成果的质量就会高一些；反之，观测成果的质量就会低一些。如果观测条件相同，观测成果的质量可以说是相同的，所以观测成果的质量也就客观地反映了观测条件。一般将观测条件相同的观测称为等精度观测；观测条件不相同的观测称为不等精度观测。

在整个观测过程中，由于受到上述三方面的因素影响，测量中的误差是不可避免的，但是测量工作可以通过下列措施减小误差、提高观测成果的质量，确保观测成果满足设计要求：

1）选用高精密等级的测量仪器。

2）多次测量求平均值。

3）改进测量方法和选择有利的观测时段。

二、误差分类

测量误差按其对观测结果影响性质的不同分为系统误差和偶然误差两类。具体内容见《测量放线工（中级）》第四章第一节。

三、偶然误差的特性

就单个偶然误差而言，其数值的大小和符号的正负没有任何规律性。但就大量的偶然误差来看，则显示出一定的统计规律。偶然误差的数量越多，规律性就越明显。

如在某测量工地，在相同的观测条件下，独立地观测某一测区共 182 个三角形的全部内角。由于观测值含有误差，各个三角形内角之和不等于其真值 180°，因此可以按下式计算三角形内角之和与其真值 180° 之间的差值（称为三角形闭合差，也就是三角形内角之和的真误差），即

$$\Delta_i = 180° - (L_1 + L_2 + L_3)_i \qquad (i = 1, 2, \cdots, 182) \qquad (2-1)$$

设观测值只含有偶然误差，将 182 个真误差 Δ_i 按正、负误差分开，并按其绝对值由小到大进行排列，统计落在误差区间 $d\Delta = 0.5''$ 的误差数量 k，并计算其相对数量 k/n（$n = 182$），k/n 称为误差出现的频率。结果见表 2-1。

表 2-1　偶然误差的统计

误差区间	正误差		负误差	
	数量 k	相对数量 k/n	数量 k	相对数量 k/n
$0.0'' \sim 0.5''$	26	0.143	26	0.143
$0.5'' \sim 1.0''$	20	0.110	21	0.115
$1.0'' \sim 1.5''$	14	0.077	14	0.077
$1.5'' \sim 2.0''$	11	0.060	11	0.060
$2.0'' \sim 2.5''$	8	0.044	9	0.049
$2.5'' \sim 3.0''$	7	0.039	6	0.033
$3.0'' \sim 3.5''$	3	0.017	4	0.022
$3.5'' \sim 4.0''$	1	0.005	1	0.005
$4.0''$ 以上	0	0	0	0
Σ	90	0.495	92	0.505

从表 2-1 的统计中可以知道：绝对值较小的误差比绝对值较大的误差要多；绝对值相等的正、负误差数量相近；最大误差的绝对值不会超过 4.0″。以上是根据 182 个三角形闭合差得出的偶然误差的统计规律，并不是特例，通过大量的统计实践可以归纳出偶然误差具有以下的统计规律：

1）在一定观测条件下，绝对值超过一定限值的误差出现的频率为零。

2）绝对值较小的误差出现的频率较大，绝对值较大的误差出现的频率较小。

3）绝对值相等的正、负误差出现的频率大致相等。

4）当观测次数无限增大时，偶然误差的算术平均值趋近于零，即

$$\lim_{n \to \infty} \frac{[\Delta]}{n} = 0 \tag{2-2}$$

式中　$[\Delta] = \Delta_1 + \Delta_2 + \cdots + \Delta_n$；

　　　n——Δ 的数量。

具有以上统计规律的偶然误差，当观测次数 $n \to \infty$ 时，在数理统计中就是服从正态分布的随机变量，误差出现在各区间的频率就是概率。关于偶然误差的规律性在《测量放线工（技师）》第二章中已有详细叙述。

◇◇◇ 第二节　测量精度评定标准

测量工作中，由于观测条件的不同，测量误差是不一样的，在观测值中存在误差，观测成果只是真实值的一种最接近的测量值。为了确保观测成果的精度，就必须知道如何评定观测成果的质量。在一定的观测条件下进行观测得到的偶然误差，其误差分布是一定的，误差分布较为密集，方差 σ^2 较小，表示其观测质量较好，观测精度较高；反之，误差分布较为离散，方差 σ^2 较大，表示其观测质量较差，观测精度较低。测量中一般用标准差 σ 作为衡量精度的数值指标。

一、中误差

在数理统计中，标准差为偶然误差平方和的理论平均值的算术平方根

$$\sigma = \pm \lim_{n \to \infty} \sqrt{\frac{[\Delta\Delta]}{n}} \tag{2-3}$$

式中　$[\Delta\Delta] = \Delta_1^2 + \Delta_2^2 + \cdots + \Delta_n^2$；

　　　n——Δ 的数量。

在实际测量工作中，不可能对某一量进行无穷多次观测，因此定义由有限观测的偶然误差（真误差）求得的标准差近似值（估值）为中误差 m，即

$$m = \pm \sqrt{\frac{\Delta_1^2 + \Delta_2^2 + \cdots + \Delta_n^2}{n}} = \pm \sqrt{\frac{[\Delta\Delta]}{n}} \tag{2-4}$$

从式（2-4）可知，中误差不是代表个别误差的大小，而是代表一组同精度观测值误差分布的离散度的大小，该组每个观测值的中误差都等于 m。

【例2-1】　对三角形的内角进行两组观测（各测10次），根据两组观测值中的偶然误差（真误差）分别计算其中误差。

【解】　按观测值的真误差计算中误差见表2-2。

表2-2　按观测值的真误差计算中误差

序号	第一组观测值			第二组观测值		
	观测值 l_i	真误差 Δ_i	Δ_i^2	观测值 l_i	真误差 Δ_i	Δ_i^2
1	180°00′01″	−1″	1	180°00′08″	−8″	64
2	179°59′58″	+2″	4	179°59′54″	+6″	36
3	180°00′02″	−2″	4	180°00′03″	−3″	9
4	179°59′57″	+3″	9	180°00′00″	0″	0
5	180°00′03″	−3″	9	179°59′53″	+7″	49
6	180°00′00″	0″	0	179°59′51″	+9″	81
7	180°00′04″	−4″	16	180°00′08″	−8″	64
8	179°59′57″	+3″	9	180°00′07″	−7″	49
9	179°59′58″	+2″	4	179°59′54″	+6″	36
10	180°00′02″	−2″	4	180°00′04″	−4″	16
Σ		−2″	60		−2″	404
中误差	$[\Delta\Delta]=60, n=10$			$[\Delta\Delta]=404, n=10$		
	$m_1 = \pm \sqrt{\dfrac{[\Delta\Delta]}{n}} = \pm 2.5''$			$m_2 = \pm \sqrt{\dfrac{[\Delta\Delta]}{n}} = \pm 6.4''$		

从表2-2中可知，第二组观测值的中误差要大于第一组观测值的中误差，虽然这两组观测值的真误差之和 $[\Delta]$ 是相等的，但是在第二组观测值中出现了较大的误差（−8″、+9″），因此其精度相对而言较低。

二、相对中误差

在某些测量工作中，用中误差还不能反映出观测的质量，例如用钢尺丈量200m及80m两段距离，观测值的中误差都是 ±20mm，但不能认为两者的精度是一样的，因为量距误差还与其长度有关，为此用观测值的中误差绝对值与其观测值之比来评价更加直观，这就是相对中误差。上例中，测量200m距离的相对

中误差为 $K_1 = 0.02/200 = 1/10000$，而测量 80m 距离的相对中误差则为 $K_2 = 0.02/80 = 1/4000$，显然前者的精度要高于后者。

三、极限误差

由于偶然误差服从正态分布，故可按其正态分布表查得，在大量同精度观测值的一组误差中，误差的绝对值不大于 1 倍中误差、2 倍中误差和 3 倍中误差的概率分别为

$$P(|\Delta| < m) = 0.683 = 68.3\%$$
$$P(|\Delta| < 2m) = 0.954 = 95.4\%$$
$$P(|\Delta| < 3m) = 0.997 = 99.7\%$$

由此可知，其绝对值大于 2 倍中误差的偶然误差约占误差总数的 5%，而其绝对值大于 3 倍中误差的偶然误差仅占误差总数的 0.3%。由于测量的次数有限，上述情况很少遇到，因此一般以 2 倍中误差作为允许误差的极限，称为允许误差或极限误差

$$\Delta_{允} = 2m \tag{2-5}$$

若测量中出现的误差大于允许值，是不正常的，即认为观测值中存在粗差，应放弃该观测值或重新观测。

◇◇◇◇ 第三节　误差传播定律

一、观测值的函数

对于某一量（如一个角度、一段距离等）直接进行多次观测，以求得其最或然值，计算观测值的中误差，作为衡量精度的标准。但是，在测量工作中，有一些需要知道的量并非是直接观测值，而是要根据一些直接观测值用一定的函数关系计算而得，因此将这些量称为观测值的函数。由于观测值中含有误差，故函数受其影响也含有误差，将这种情况称为误差传播。一般有下列一些函数关系：

1. 和差函数

例如，两点间的水平距离 D 分为 n 段来丈量，各段测得的长度分别为 d_1、d_2、$\cdots$、d_n，则 $D = d_1 + d_2 + \cdots + d_n$，即距离 D 是各分段观测值 d_1、d_2、$\cdots$、d_n 之和，这种函数称为和差函数。

2. 倍函数

例如，用尺子在 1:1000 的地形图上量得两点间的距离为 d，其相应的实地距离 $D = 1000d$，则 D 是 d 的倍函数。

3. 线性函数

例如，计算算术平均值的公式为

$$\bar{x} = \frac{1}{n}(l_1 + l_2 + \cdots + l_n) = \frac{1}{n}l_1 + \frac{1}{n}l_2 + \cdots + \frac{1}{n}l_n \qquad (2\text{-}6)$$

式中，在直接观测值之前乘以某一系数［不一定和式（2-6）一样是相同的系数］，并取其代数和，因此可以把算术平均值看成是各个观测值的线性函数。和差函数和倍函数也属于线性函数。

4. 一般函数

例如，已知直角三角形的斜边 c 和一锐角 α，则可求出其对边 a 和邻边 b，公式为 $a = c\sin\alpha$，$b = c\cos\alpha$。凡是在变量之间用到乘、除、乘方、开方、三角函数等数学运算符的函数称为非线性函数。线性函数和非线性函数在此统称为一般函数。

根据观测值的中误差，采用数学关系式来表达其函数的中误差，这种关系式称为误差传播定律。

二、函数的中误差

1. 和差函数中误差

设有和差函数

$$z = x \pm y$$

式中 x、y——分别为独立观测值，它们的中误差分别为 m_x 和 m_y。

设真误差分别为 Δ_x 和 Δ_y，则由上式可得

$$\Delta_z = \Delta_x \pm \Delta_y$$

当对 x、y 均观测了 n 次，则

$$\Delta_{z_i} = \Delta_{x_i} \pm \Delta_{y_i} \qquad (i = 1,\ 2,\ \cdots,\ n)$$

将上式两端平方后相加，并除以 n 得

$$\frac{[\Delta_z^2]}{n} = \frac{[\Delta_x^2]}{n} + \frac{[\Delta_y^2]}{n} \pm 2\frac{[\Delta_x\Delta_y]}{n} \qquad (2\text{-}7)$$

由于 Δ_x、Δ_y 均为偶然误差，故根据偶然误差的特性，当 n 越大时，式中最后一项将趋近于零，即

$$\lim_{n\to\infty} \frac{[\Delta_x\Delta_y]}{n} = 0$$

于是式（2-7）可写成

$$\frac{[\Delta_z^2]}{n} = \frac{[\Delta_x^2]}{n} + \frac{[\Delta_y^2]}{n}$$

根据中误差定义 $m = \pm\sqrt{\dfrac{[\Delta\Delta]}{n}}$，可得

$$m_z^2 = m_x^2 + m_y^2$$

即
$$m_z = \pm\sqrt{m_x^2 + m_y^2} \tag{2-8}$$

观测值的和差函数中误差，等于两观测值中误差的平方之和的平方根。

2. 倍函数中误差

设有函数

$$z = kx \tag{2-9}$$

式中　k——常数；

　　　x——直接观测值。

已知式（2-9）的中误差为 m_x，现在求 z 的中误差 m_z。

设 x 和 z 的真误差分别为 Δ_x 和 Δ_z，由式（2-8）知 Δ_x 和 Δ_z 之间的关系为

$$\Delta_z = k\Delta_x$$

若对 x 共观测了 n 次，则

$$\Delta_{z_i} = k\Delta_{x_i} \qquad (i = 1,~2,~\cdots,~n)$$

将上式两端平方后相加，并除以 n，得

$$\frac{[\Delta_z^2]}{n} = k^2 \frac{[\Delta_x^2]}{n}$$

按中误差定义及上式可得

$$m_z^2 = k^2 m_x^2$$

即
$$m_z = km_x \tag{2-10}$$

观测值与常数乘积的中误差，等于观测值中误差乘常数。

3. 线性函数中误差

设有观测值的线性函数为

$$z = k_1 x_1 \pm k_2 x_2 \pm \cdots \pm k_n x_n \pm k_0$$

式中　x_1、x_2、$\cdots$、x_n——可直接观测的相互独立的观测量；

　　　k_1、k_2、$\cdots$、k_n——常系数；

　　　k_0——常数。

则综合式（2-8）和式（2-10）得

$$m_z^2 = k_1^2 m_1^2 + k_2^2 m_2^2 + \cdots + k_n^2 m_n^2$$

则
$$m_z = \pm\sqrt{k_1^2 m_1^2 + k_2^2 m_2^2 + \cdots + k_n^2 m_n^2} \tag{2-11}$$

即线性函数中误差等于各观测值的常数与其中误差平方的乘积之和再开平方根。

4. 一般函数中误差

$$z = f(x_1,~x_2,~\cdots,~x_n) \tag{2-12}$$

式中　$x_i(i = 1,~2,~\cdots,~n)$——独立观测值。

已知式（2-12）的中误差为 m_i，求 z 的中误差。

当 x_i 具有真误差 Δ_i 时，函数 z 相应地产生真误差 Δz。这些真误差的数值均较小，变量的误差与函数的误差之间的关系，可以近似地用函数的全微分来表达，为此求函数的全微分，并以真误差的符号"Δ"替代微分的符号"d"，得

$$\Delta z = \frac{\partial f}{\partial x_1}\Delta x_1 + \frac{\partial f}{\partial x_2}\Delta x_2 + \cdots + \frac{\partial f}{\partial x_n}\Delta x_n$$

式中 $\dfrac{\partial f}{\partial x_i}$（$i = 1, 2, \cdots, n$）——函数对各个变量所取的偏导数。

以观测值代入所算出的数值，它们是常数，因此上式是线性函数，按式（2-4）得

$$m_z^2 = \left(\frac{\partial f}{\partial x_1}\right)^2 m_1^2 + \left(\frac{\partial f}{\partial x_2}\right)^2 m_2^2 + \cdots + \left(\frac{\partial f}{\partial x_n}\right)^2 m_n^2 \qquad (2\text{-}13)$$

式（2-13）即为误差传播定律的一般形式。

三、权与权倒数传播定律

1. 权与单位权的概念

权就是不同精度观测值在计算未知量的最或然值时所占的比重。一般观测值误差越小，精度越高，说明其数值越可靠，权就越大，因此权的定义为：观测值或观测值函数的权（通常以 p 表示）与中误差 m 的平方成反比。设有观测值 l_i（$i = 1, 2, \cdots, n$），它们的中误差为 m_i（$i = 1, 2, \cdots, n$），选定任一正常数 μ，定义观测值 l_i 的权为

$$p_i = \frac{\mu^2}{m_i^2} \qquad (i = 1, 2, \cdots, n) \qquad (2\text{-}14)$$

由权的定义可知，μ 是权等于 1 的观测值中误差，通常称等于 1 的权为单位权，权为 1 的观测值为单位权观测值，μ 称为单位权中误差。

因此，权同样可以作为衡量观测值精度的一种指标。中误差 m_i 可以是同一个量的观测值的中误差，也可以是不同量的观测值的中误差。也就是说，用权来比较各观测值之间的精度，不限于对同一量的观测值，同样也适用于不同量的观测值。由权的定义可以写出各观测值的权之间的比例关系为

$$p_1 : p_2 : \cdots : p_n = \frac{\mu^2}{m_1^2} : \frac{\mu^2}{m_2^2} : \cdots : \frac{\mu^2}{m_n^2} = \frac{1}{m_1^2} : \frac{1}{m_2^2} : \cdots : \frac{1}{m_n^2} \qquad (2\text{-}15)$$

故对于一组观测值，其权之比等于相应中误差平方的倒数之比。

2. 测量常用定权方法

（1）水准测量时定权 设一测站观测高差的精度相同，其中误差为 $m_{\text{站}}$，则站数为 N_i 的某条水准路线的观测高差中误差为

$$m_i = m\sqrt{N_i} \qquad (i = 1, 2, \cdots, n) \qquad (2\text{-}16)$$

若取 c 站的高差中误差为单位权中误差，即 $\mu = m\sqrt{c}$，根据式（2-14），某水准路线的权为

$$p_i = \frac{c}{N_i} \qquad (2-17)$$

同理，若取 $c(\mathrm{km})$ 路线的高差中误差为单位权中误差，则长度为 L_i 的某水准路线的权为

$$p_i = \frac{c}{L_i} \qquad (2-18)$$

因此，在水准测量中，若每一测站观测高差的精度相同，则各水准路线观测高差的权与其路线观测站数或其路线长度成反比。

（2）距离丈量时定权　设 $1\mathrm{km}$ 距离的丈量中误差为 m，则 s km 距离的丈量中误差为 $m_s = m\sqrt{s}$，若取 c km 的中误差为单位权中误差，则丈量 s km 的权为

$$p_s = \frac{\left(m\sqrt{c}\right)^2}{\left(m\sqrt{s}\right)^2} = \frac{c}{s} \qquad (2-19)$$

因此，在距离丈量中，距离观测值的权与其距离成反比。

（3）角度观测时定权　设每测回的观测精度相同，一测回的角度中误差为 m。现有 1，2，$\cdots$，n 个小组，对同一角度观测的测回数分别为 n_1，n_2，$\cdots$，n_n，则各小组观测值的算术平均值中误差分别为

$$m_i = \frac{m}{\sqrt{n_i}} \qquad (i = 1,\ 2,\ \cdots,\ n) \qquad (2-20)$$

设各小组观测值的权为 p_i，则得

$$p_1 : p_2 : \cdots : p_n = \frac{u^2}{m_1^2} : \frac{u^2}{m_2^2} : \cdots : \frac{u^2}{m_n^2} = \frac{u^2}{\left(\dfrac{m}{\sqrt{n_1}}\right)^2} : \frac{u^2}{\left(\dfrac{m}{\sqrt{n_2}}\right)^2} : \cdots : \frac{u^2}{\left(\dfrac{m}{\sqrt{n_n}}\right)^2} \qquad (2-21)$$

取 $u = m$，所以

$$p_1 : p_2 : \cdots : p_n = n_1 : n_2 : \cdots : n_n \qquad (2-22)$$

故每组角度观测结果的权与其各组观测的测回数成正比。

3. 权倒数传播定律

设有函数 $Z = f(L_1,\ L_2,\ \cdots,\ L_n)$，独立观测数值 L_1，L_2，$\cdots$，L_n，假定各 L_i 的权为 p_i，全微分得

$$\mathrm{d}Z = \frac{\partial f}{\partial L_1}\mathrm{d}L_1 + \frac{\partial f}{\partial L_2}\mathrm{d}L_2 + \cdots + \frac{\partial f}{\partial L_n}\mathrm{d}L_n$$

运用误差传播定律得

$$\frac{1}{p_Z} = \left(\frac{\partial f}{\partial L_1}\right)^2 \frac{1}{p_1} + \left(\frac{\partial f}{\partial L_2}\right)^2 \frac{1}{p_2} + \cdots + \left(\frac{\partial f}{\partial L_n}\right)^2 \frac{1}{p_n} = \sum_{i=1}^{n} \left(\frac{\partial f}{\partial L_i}\right)^2 \frac{1}{p_i} \quad (2\text{-}23)$$

这就是独立观测值的权倒数与其函数的权倒数之间的关系式，通常称为权倒数传播定律，它是运用误差传播定律所得到的一种特殊情况。

【例2-2】　设在 A、B 两点之间进行水准测量，共设 n 个测站，每站高差为 h_i（$i = 1, 2, \cdots, n$）的权均为常数1，求 n 站高差和 h 的权。

【解】　函数关系式为

$$h = h_1 + h_2 + \cdots + h_n$$

每站高差相互独立，运用权倒数传播定律得

$$\frac{1}{p_h} = \frac{1}{p_1} + \frac{1}{p_2} + \cdots + \frac{1}{p_n} = 1 + 1 + \cdots + 1 = n$$

因此，n 站高差和 h 的权为

$$p_h = \frac{1}{n}$$

4. 加权平均值及其中误差

若对某一量进行 n 次不等精度观测，现采用加权平均的方法求解观测值的最或然值。设观测值为 L_1，L_2，$\cdots$，L_n；权为 p_1，p_2，$\cdots$，p_n。

令 $p_i = \dfrac{\mu^2}{m_i^2}$，其加权平均值为

$$x = \frac{p_1 L_1 + p_2 L_2 + \cdots + p_n L_n}{p_1 + p_2 + \cdots + p_n} = \frac{[pL]}{[p]} \quad (2\text{-}24)$$

由权倒数传播定律有

$$\frac{1}{p_x} = \left(\frac{p_1}{[p]}\right)^2 \frac{1}{p_1} + \left(\frac{p_2}{[p]}\right)^2 \frac{1}{p_2} + \cdots + \left(\frac{p_n}{[p]}\right)^2 \frac{1}{p_n} = \frac{1}{[p]^2}(p_1 + p_2 + \cdots + p_n)$$

$$(2\text{-}25)$$

则

$$p_x = [p]$$

所以，加权平均值的权等于各观测值的权之和，因此加权平均值中误差为

$$m_x = \frac{\mu}{\sqrt{[p]}} \quad (2\text{-}26)$$

此外，由改正数的定义（即算术平均值与观测值之差，详见中级）及式（2-24）可知

$$[pv] = [p(x - L)] = [p]x - [pL] = 0 \quad (2\text{-}27)$$

当观测值的真值未知，按不等精度观测值改正数计算单位权中误差 μ 时，可类似用观测值改正数求观测值中误差的公式进行计算

$$\mu = \pm\sqrt{\frac{[pvv]}{n-1}} \qquad\qquad (2\text{-}28)$$

式中　v——观测值改正数。

式（2-28）称为白塞尔公式。

◈◈◈ 第四节　误差理论及应用技能训练

● 训练　坐标测量中误差计算

1. 训练目的

掌握坐标中误差的计算方法。

2. 训练步骤

已知 A、B 两点间的距离为 $D = 360.440\text{m}$，测距中误差为 $m_D = \pm0.030\text{m}$，观测方位角为 $\alpha = 62°24'31''$，方位角中误差为 $m_\alpha = \pm16''$，计算 B 点的点位中误差。

1）根据 $m_{\Delta x} = \sqrt{\cos^2\alpha\, m_D^2 + (D\sin\alpha)^2\dfrac{m_\alpha^2}{\rho''^2}}$ 计算得到 $m_{\Delta x} = \pm0.027\text{m}$

2）再根据 $m_{\Delta y} = \sqrt{\sin^2\alpha\, m_D^2 + (D\cos\alpha)^2\dfrac{m_\alpha^2}{\rho''^2}}$ 计算得到 $m_{\Delta y} = \pm0.030\text{m}$

3）最后应用 $M_B = \sqrt{m_{\Delta x}^2 + m_{\Delta y}^2}$ 计算出 B 点的点位中误差为 $M_B = 0.040\text{m}$。

复习思考题

1. 设有九边形，每个角的观测中误差 $m = \pm10''$，求该九边形的内角和中误差及其内角和闭合差的允许值。

2. 用某经纬仪观测水平角，已知一测回的角度中误差 $m_\beta = \pm14''$，要使角度中误差 $m_\beta \leqslant \pm8''$，问需要观测几个测回？

3. 量得一个圆形地物的直径为 $52.873\text{m} \pm 5\text{mm}$，求圆周长度 C 及其中误差 m_C。

4. 水准测量中，设每个测站的高差中误差为 $\pm5\text{mm}$，若每公里设 16 个测站，求 1km 的高差中误差是多少？若水准路线的长度为 4km，求其高差中误差是多少？

5. 设对某水平角进行了五次观测，其角度为 $63°26'12''$，$63°26'09''$，$63°26'18''$，$63°26'15''$，$63°26'06''$。计算其算术平均值和观测值的中误差。

第 三 章

坐 标 转 换

一、大地坐标系

　　大地坐标系又称为地理坐标系，是以地球椭球面作为基准面，以首子午面和赤道面作为参考面，用经度和纬度两个坐标值来表示地面点的球面位置。如图 3-1 所示，P 点的子午面 NPS 与起始子午面 NGS 所构成的二面角 L，称为 P 点的大地经度。由起始子午面起算，向东为正，称为东经（$0° \sim 180°$）；向西为负，称为西经（$0° \sim 180°$）。P 点的法线 PQ 与赤道面的夹角 B，称为 P 点的大地纬度。由赤道面起算，向北为正，称为北纬（$0° \sim 90°$）；向南为负，称为南纬（$0° \sim 90°$）。在该坐标系中，P 点的位置用 L、B 表示。如果点不在椭球面上，表示点的位置除 L、B 外，还要附加另一参数——

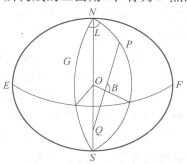

图 3-1　大地坐标系

大地高 H（指某点到通过该点的参考椭球的法线与参考椭球面的交点间的距离），它与正常高 $H_{正常}$（指某点到通过该点的铅垂线与似大地水准面的交点间的距离）及正高 $H_{正}$（指某点到通过该点的铅垂线与大地水准面的交点间的距离）有如下的关系

$$\left. \begin{array}{l} H = H_{正常} + \zeta （高程异常）\\ H = H_{正} + N （大地水准面差距） \end{array} \right\} \tag{3-1}$$

如果该点在椭球面上，则 $H = 0$。

　　大地坐标系是以大地经度 L、大地纬度 B 和大地高 H 三个量来表示地面点的空间位置，称为点的大地坐标。大地坐标系是大地测量的基本坐标系，具有以下的优点：

1）它是整个椭球体上统一的坐标系，是全世界公用的最方便的坐标系统。经、纬线是地形图的基本线，所以在测图及制图时应使用该坐标系。

2）它与同一点的天文坐标相比较，可以明确该点垂线偏差的大小。

因此，大地坐标系对大地测量计算、地球形状研究和地图编制等都有作用。

二、空间直角坐标系

空间直角坐标系又称为地心坐标系，是以地球椭球的中心（即地球的质心）O为原点，起始子午面与赤道面的交线为 x轴，在赤道面内通过原点与 x 轴垂直的为 y轴，地球椭球的旋转轴为 z 轴，如图 3-2 所示。地面点 P 的空间位置用三维直角坐标 (x, y, z) 来表示。P 点可以在椭球面之上，也可以在椭球面之下。

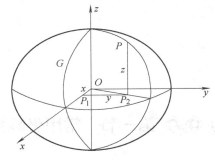

图 3-2　空间直角坐标系

三、高斯平面直角坐标系

当测区面积较大时，不能把地球表面看作平面，而应将地面点投影到参考椭球面上，再由椭球面变换为平面，这种地图投影一般采用高斯 – 克吕格投影（简称高斯投影），所建立的平面直角坐标系称为高斯平面直角坐标系。

高斯投影的投影函数是根据以下两个条件确定的：

1）投影是正形的，即椭球面上无穷小的图形和它在平面上的表象相似，故又称为等角投影或正形投影；投影面上任一点的长度比（该点在椭球面上的微分距离与其在平面上相应的微分距离之比）同方位无关。

2）椭球面上某一子午线在投影平面上的表象是一直线，且长度保持不变，即长度比等于 1，该子午线称为中央子午线或轴子午线。

上述两个条件体现了高斯投影的特性。

高斯投影首先按经线将地球划分为若干个带状区域，称为投影带，分为 6°带和 3°带。

1）6°带的划分是从首子午线起，每隔经差 6°为一带，自西向东将整个地球划分为 60 个带，每带的带号 N 用阿拉伯数字表示，依次为 1、2、3、…、60。位于各投影带中央的子午线称为中央子午线，若经度用"L"表示，则 6°带的带号 N 与该带中央子午线的经度关系为

$$L = 6N - 3 \tag{3-2}$$

式中　L——6°带中央子午线的经度；

N——6°带的带号。

2）3°带是在6°带的基础上划分成的，从东经1°30′开始，自西向东每隔3°划分为一带，全球共划分为120个带。3°带与6°带的关系如图3-3所示，3°带中奇数带的中央子午线与6°带的中央子午线相重合。3°带的带号 n 与该带中央子午线的经度 L 有以下关系

$$L = 3n \tag{3-3}$$

式中　L——3°带中央子午线的经度；

n——3°带的带号。

3°带与6°带之间的关系可表示为

$$n = 2N - 1 \tag{3-4}$$

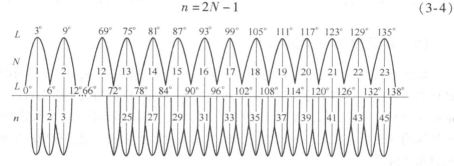

图3-3　3°带与6°带的关系

高斯投影的基本原理：设想有一个椭圆柱面与地球椭球的某一中央子午线相切（图3-4），椭球体中心 O 在椭圆柱的中心轴上，椭球体的南、北极与椭圆柱相切；然后将椭球体面上的点、线按正形投影条件投影到椭圆柱上，再沿椭圆柱 N、S 点母线割开，并展成平面，即得到高斯投影平面。在这个平面上，中央子午线与赤道面成为相互垂直相交的直线，分别作为高斯平面直角坐标系的纵轴 x 轴和横轴 y 轴，在赤道上两轴的交点 O 作为坐标的原点，如图3-5所示。在该坐标系内，规定 x 轴向北为正值，y 轴向东为正值。位于北半球的国家，境内的 x 坐标值都为正值，y 坐标值则有正有负。地面点在高斯平面直角坐标系中的坐标，用点到两个坐标轴的垂直距离表示。我国位于北半球，纵坐标均为正值，而横坐标有正有负，为了避免横坐标出现负值，把纵轴自中央子午线向西移动 500km，即在 y 坐标上统一加上 500km。由于赤道上经差为3°的平行圈长约330km，当纵轴西移后，凡位于中央子午线以东的点，它的横坐标值都大于500km；而位于中央子午线以西的点，其横坐标值都小于500km，但均为正值。为了区分某点位于哪一带，还规定在横坐标值前冠以带号。另外，高斯平面直角坐标系的坐标象限按顺时针划分为四个象限，角度起算是从 x 轴的北方向开始顺时针计算。

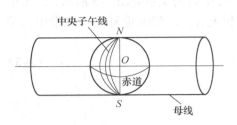

图 3-4　高斯投影基本原理示意图

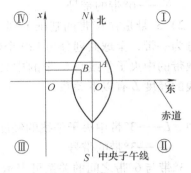

图 3-5　高斯平面直角坐标系

四、地区平面直角坐标系

地区平面直角坐标系又称为独立坐标系或任意坐标系，它适用于在小区域内进行测量工作。当测量范围较小时，可以把该测区的地表当做平面来看待，对于地面点的平面位置，可以不考虑地图投影的影响。将坐标原点选在测区西南角，使坐标均为正值，以北方向或建筑物的主轴线为纵坐标轴，建立该地区的独立平面直角坐标系。

测量工作中一般采用的平面直角坐标系与数学中介绍的相似，只是坐标轴互换。如图 3-6 所示，以 x 轴为纵轴，表示南北方向；以 y 轴为横轴，表示东西方向，纵、横坐标轴的交点为坐标原点。测量坐标系的象限按顺时针编号。

城市的地区平面直角坐标系常以城市中心地区某点的子午线作为中央子午线，将坐标原点移到测区以内，据此进行高斯投影，称为城市独立

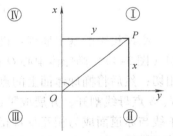

图 3-6　地区平面直角坐标系

坐标系。在工程建设中，有时为了设计和施工放样方便，使采用的平面坐标系轴线与建筑设计的主轴线相平行，称为施工坐标系。这些独立坐标系都需要与国家坐标系的地方坐标系进行联测，从而进行坐标转换。

◇◇◇ 第二节　平面坐标转换

平面坐标系间的坐标转换，根据数学模型，有平移、旋转、比例缩放等几

种。为了提高坐标变换的精度，一般选择一些精度良好、点位在网内分布均匀、有两套或多套不同坐标系坐标的重合点进行测量，然后用最小二乘法进行坐标变换。当重合点多于两个时，就会产生多余观测量，需要进行平差，平差的目的在于通过最小二乘法拟合乘常数、加常数，求取重合点在高斯坐标中的最或然值。

两个测量平面直角坐标系间坐标的转换过程可分为三个阶段：第一个阶段是将坐标系旋转；第二个阶段是将旋转后的坐标系平移；第三个阶段是将平移后的坐标系压缩或拉伸（即尺度修正）。

一、高斯平面直角坐标向地方坐标转换

1. 高斯坐标系旋转

将高斯坐标系旋转一个角度 θ，转换为平行于地方坐标系，则将高斯坐标 $(x，y)$ 转换为平行于地方坐标系的坐标 $(x_1，y_1)$，由旋转公式可知

$$\begin{pmatrix} x_1 \\ y_1 \end{pmatrix} = \begin{pmatrix} \cos\theta & \sin\theta \\ -\sin\theta & \cos\theta \end{pmatrix} \begin{pmatrix} x \\ y \end{pmatrix}_G \tag{3-5}$$

2. 高斯坐标系平移

将上述已平行于地方坐标系轴的高斯坐标系平移到地方坐标系轴的位置（即实现两坐标系原点的重合及 x、y 轴方向的重合），$(x_1，y_1)$ 经过平移后的坐标为 $(x_2，y_2)$，有

$$\begin{pmatrix} x_2 \\ y_2 \end{pmatrix} = \begin{pmatrix} x_1 \\ y_1 \end{pmatrix} + \begin{pmatrix} \Delta x_0 \\ \Delta y_0 \end{pmatrix} = \begin{pmatrix} \Delta x_0 \\ \Delta y_0 \end{pmatrix} + \begin{pmatrix} \cos\theta & \sin\theta \\ -\sin\theta & \cos\theta \end{pmatrix} \begin{pmatrix} x \\ y \end{pmatrix}_G \tag{3-6}$$

式中　Δx_0、Δy_0——平移因子，即 $(x_1，y_1)$ 所在坐标系的原点在地方坐标系中的坐标。

3. 尺度统一

不同平面直角坐标系间不仅存在着尺度差异，而且尺度差异在纵向和横向上也存在着一定的差别。只有将 $(x_2，y_2)$ 进行二向尺度改正，才能将高斯坐标转换为地方坐标。设纵、横向尺度的缩放系数分别为 K_x、K_y，则有

$$\begin{pmatrix} x \\ y \end{pmatrix}_D = \begin{pmatrix} x_2 \\ y_2 \end{pmatrix} + \begin{pmatrix} K_x & 0 \\ 0 & K_y \end{pmatrix} \begin{pmatrix} x_2 \\ y_2 \end{pmatrix}$$

$$= \begin{pmatrix} \Delta x_0 \\ \Delta y_0 \end{pmatrix} + \begin{pmatrix} \cos\theta & \sin\theta \\ -\sin\theta & \cos\theta \end{pmatrix} \begin{pmatrix} x \\ y \end{pmatrix}_G + \begin{pmatrix} K_x & 0 \\ 0 & K_y \end{pmatrix} \begin{pmatrix} \Delta x_0 \\ \Delta y_0 \end{pmatrix} + \begin{pmatrix} K_x & 0 \\ 0 & K_y \end{pmatrix} \begin{pmatrix} \cos\theta & \sin\theta \\ -\sin\theta & \cos\theta \end{pmatrix} \begin{pmatrix} x \\ y \end{pmatrix}_G$$

$$= \begin{pmatrix} \Delta x_0 \\ \Delta y_0 \end{pmatrix} + \begin{pmatrix} \cos\theta & \sin\theta \\ -\sin\theta & \cos\theta \end{pmatrix} \begin{pmatrix} x \\ y \end{pmatrix}_G + \begin{pmatrix} K_x \Delta x_0 \\ K_y \Delta y_0 \end{pmatrix} + \begin{pmatrix} K_x\cos\theta & K_x\sin\theta \\ -K_y\sin\theta & K_y\cos\theta \end{pmatrix} \begin{pmatrix} x \\ y \end{pmatrix}_G$$

$$\tag{3-7}$$

式中　D、G——分别代表地方坐标和高斯坐标。

令

$$
\left.
\begin{aligned}
(1+K_x)\ \Delta x_0 &= a_1 \\
(1+K_x)\ \cos\theta &= a_2 \\
(1+K_x)\ \sin\theta &= a_3 \\
(1+K_y)\ \Delta y_0 &= b_1 \\
-\ (1+K_y)\ \sin\theta &= b_2 \\
(1+K_y)\ \cos\theta &= b_3
\end{aligned}
\right\}
$$

则式（3-7）可变为

$$
\begin{pmatrix} x \\ y \end{pmatrix}_{\mathrm{D}} = \begin{pmatrix} a_1 \\ b_1 \end{pmatrix} + \begin{pmatrix} a_2 & a_3 \\ b_2 & b_3 \end{pmatrix} \begin{pmatrix} x \\ y \end{pmatrix}_{\mathrm{G}} \tag{3-8}
$$

二、施工坐标与测量坐标换算

施工坐标与测量坐标的换算在《测量放线工（中级）》第五章中已进行了介绍，这里不再赘述。

◆◆◆ 第三节　空间坐标转换

一、空间直角坐标系与大地坐标系转换

如图3-7所示，空间任一点P，设其大地高为H，P点在椭球面上的投影为P_0，显然矢量

$$
\boldsymbol{\rho} = \boldsymbol{\rho}_0 + H\boldsymbol{n} \tag{3-9}
$$

由于

$$
\boldsymbol{\rho_0} = \begin{pmatrix} X \\ Y \\ Z \end{pmatrix} = N \begin{pmatrix} \cos B\cos L \\ \cos B\sin L \\ (1-e^2)\ \sin B \end{pmatrix} \tag{3-10}
$$

外法线单位矢量

$$
\boldsymbol{n} = \begin{pmatrix} \cos B\cos L \\ \cos B\sin L \\ \sin B \end{pmatrix} \tag{3-11}
$$

因此有

$$
\boldsymbol{\rho} = \begin{pmatrix} X \\ Y \\ Z \end{pmatrix} + \begin{pmatrix} H\cos B\cos L \\ H\cos B\sin L \\ H\sin B \end{pmatrix} = \begin{pmatrix} (N+H)\cos B\cos L \\ (N+H)\cos B\sin L \\ [N(1-e^2)+H]\sin B \end{pmatrix} \tag{3-12}
$$

当已知 P 点的空间直角坐标计算相应的大地坐标时，对大地经度 L 有

$$L = \arctan \frac{Y}{X} = \arcsin \frac{Y}{\sqrt{X^2 + Y^2}} = \arccos \frac{X}{\sqrt{X^2 + Y^2}} \qquad (3-13)$$

大地纬度 B 的计算比较复杂，一般采用迭代法。如图 3-8 所示，$PP_1 = Z$，$OP_1 = \sqrt{X^2 + Y^2}$，$PP_2 = Ne^2 \sin B$，$OQ = Ne^2 \cos B$，由图可知：

$$\tan B = \frac{Z + Ne^2 \cos B}{\sqrt{X^2 + Y^2}} \qquad (3-14)$$

迭代时可取 $\tan B_1 = \dfrac{Z}{\sqrt{X^2 + Y^2}}$，用 B 的初值 B_1 计算 N_1 和 $\sin B_1$，按式（3-14）进行第二次迭代，直至最后两次 B 值之差小于允许值为止。

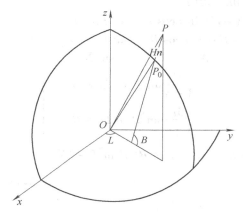

图 3-7　大地经度 L 的计算

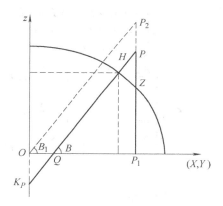

图 3-8　大地纬度 B 的计算

当已知大地纬度 B 时，按下式计算大地高

$$H = \frac{Z}{\sin B} - N(1 - e^2) \qquad (3-15)$$

二、不同大地坐标系间换算

对于不同空间大地坐标间的坐标转换问题，除了一般涉及的 7 个参数［即坐标原点的 3 个坐标平移参数（Δx_0，Δy_0，Δz_0），坐标轴的 3 个旋转参数（ε_x，ε_y，ε_z）和一个尺度变化参数（K）］外，还有由于两个系统采用的地球椭球元素不同而产生的两个地球椭球转换参数，即地球椭球的长半径 a 和扁率 α 的变化值 da、$d\alpha$。不同大地坐标间的换算公式又称为大地坐标微分公式或变换椭球微分公式。

根据空间大地直角坐标系与大地坐标系间的关系式（3-10），对其进行全微

分得

$$\begin{pmatrix} dX \\ dY \\ dZ \end{pmatrix} = A \begin{pmatrix} dB \\ dL \\ dH \end{pmatrix} + C \begin{pmatrix} da \\ d\alpha \end{pmatrix} \qquad (3\text{-}16)$$

式中　dX，dY，dZ——P 点的新、旧空间大地直角坐标之差；

dB，dL，dH——P 点的新、旧大地坐标之差。

$$A = \begin{pmatrix} \dfrac{\partial X}{\partial B} & \dfrac{\partial X}{\partial L} & \dfrac{\partial X}{\partial H} \\[2mm] \dfrac{\partial Y}{\partial B} & \dfrac{\partial Y}{\partial L} & \dfrac{\partial Y}{\partial H} \\[2mm] \dfrac{\partial Z}{\partial B} & \dfrac{\partial Z}{\partial L} & \dfrac{\partial Z}{\partial H} \end{pmatrix}$$

$$= \begin{pmatrix} -(M+H)\sin B\cos L & -(N+H)\sin L\cos B & \cos L\cos B \\ -(M+H)\sin B\sin L & (N+H)\cos L\cos B & \sin L\cos B \\ (M+H)\cos B & 0 & \sin B \end{pmatrix} \qquad (3\text{-}17)$$

$$C = \begin{pmatrix} \dfrac{\partial X}{\partial a} & \dfrac{\partial X}{\partial \alpha} \\[2mm] \dfrac{\partial Y}{\partial a} & \dfrac{\partial Y}{\partial \alpha} \\[2mm] \dfrac{\partial Z}{\partial a} & \dfrac{\partial Z}{\partial \alpha} \end{pmatrix} = \begin{pmatrix} \dfrac{N}{a}\cos L\cos B & \dfrac{M}{1-\alpha}\sin^2 B\cos L\cos B \\[2mm] \dfrac{N}{a}\cos B\sin L & \dfrac{M}{1-\alpha}\sin^2 B\sin L\cos B \\[2mm] \dfrac{N}{a}(1-\alpha)2\sin B & (1-\alpha)\sin B(M\sin^2 B-2N) \end{pmatrix}$$

$$(3\text{-}18)$$

由式（3-16）可得

$$\begin{pmatrix} dB \\ dL \\ dH \end{pmatrix} = A^{-1} \begin{pmatrix} dX \\ dY \\ dZ \end{pmatrix} - A^{-1}C \begin{pmatrix} da \\ d\alpha \end{pmatrix} \qquad (3\text{-}19)$$

令 $(dX，dY，dZ)^{\mathrm{T}} = (X，Y，Z)_{\mathrm{T}}^{\mathrm{T}} - (X，Y，Z)^{\mathrm{T}}$，与平面坐标转换类似，空间坐标的转换公式为

$$\begin{pmatrix} X \\ Y \\ Z \end{pmatrix}_{\mathrm{T}} = \begin{pmatrix} X \\ Y \\ Z \end{pmatrix} + \begin{pmatrix} \Delta X_0 \\ \Delta Y_0 \\ \Delta Z_0 \end{pmatrix} + \begin{pmatrix} 0 & -Z & Y \\ Z & 0 & -X \\ -Y & X & 0 \end{pmatrix} \begin{pmatrix} \varepsilon_x \\ \varepsilon_y \\ \varepsilon_z \end{pmatrix} + \begin{pmatrix} X \\ Y \\ Z \end{pmatrix} K \qquad (3-20)$$

代入式（3-19）得

$$\begin{pmatrix} dB \\ dL \\ dH \end{pmatrix} = A^{-1} \begin{pmatrix} \Delta X_0 \\ \Delta Y_0 \\ \Delta Z_0 \end{pmatrix} + A^{-1} \begin{pmatrix} 0 & -Z & Y \\ Z & 0 & -X \\ -Y & X & 0 \end{pmatrix} \begin{pmatrix} \varepsilon_x \\ \varepsilon_y \\ \varepsilon_z \end{pmatrix} + A^{-1} \begin{pmatrix} X \\ Y \\ Z \end{pmatrix} K - A^{-1}C \begin{pmatrix} da \\ d\alpha \end{pmatrix}$$

$$(3\text{-}21)$$

为求 A^{-1}，将 A 分解为 $A = GD$，其中

$$G = \begin{pmatrix} \sin B\cos L & -\sin L & \cos L\cos B \\ -\sin B\sin L & \cos L & \sin L\cos B \\ \cos B & 0 & \sin B \end{pmatrix}; \quad D = \begin{pmatrix} M+H & 0 & 0 \\ 0 & (N+H)\cos B & 0 \\ 0 & 0 & 1 \end{pmatrix}$$

由于 G 为正交矩阵，则有

$$A^{-1} = (GD)^{-1} = \begin{pmatrix} -\dfrac{\sin B\cos L}{M+H} & -\dfrac{\sin B\sin L}{M+H} & \dfrac{\cos B}{M+H} \\ -\dfrac{\sin L}{(N+H)\cos B} & \dfrac{\cos L}{(N+H)\cos B} & 0 \\ \cos L\cos B & \sin L\cos B & \sin B \end{pmatrix} \qquad (3\text{-}22)$$

整理得

$$\begin{pmatrix} \mathrm{d}B \\ \mathrm{d}L \\ \mathrm{d}H \end{pmatrix} = \begin{pmatrix} -\dfrac{\sin B\cos L}{M+H}\rho'' & -\dfrac{\sin B\sin L}{M+H}\rho'' & \dfrac{\cos B}{M+H}\rho'' \\ -\dfrac{\sin L}{(N+H)\cos B}\rho'' & \dfrac{\cos L}{(N+H)\cos B}\rho'' & 0 \\ \cos L\cos B & \sin L\cos B & \sin B \end{pmatrix} \begin{pmatrix} \Delta X_0 \\ \Delta Y_0 \\ \Delta Z_0 \end{pmatrix} +$$

$$\begin{pmatrix} -\dfrac{N(1-e^2\sin^2 B)+H}{M+H}\sin L & \dfrac{N(1-e^2\sin^2 B)+H}{M+H}\cos L & 0 \\ \tan B\cos L\left(1-\dfrac{Ne^2}{N+H}\right) & \tan B\sin L\left(1-\dfrac{Ne^2}{N+H}\right) & -1 \\ -\dfrac{Ne^2\sin 2B\sin L}{2\rho''} & \dfrac{Ne^2\sin 2B\cos L}{2\rho''} & 0 \end{pmatrix} \begin{pmatrix} \varepsilon_x \\ \varepsilon_y \\ \varepsilon_z \end{pmatrix} +$$

$$\begin{pmatrix} -\dfrac{Ne^2\sin 2B}{2(M+H)}\rho'' \\ 0 \\ N(1-e^2\sin^2 B)+H \end{pmatrix} K + \begin{pmatrix} \dfrac{Ne^2\sin 2B}{2(M+H)a}\rho'' & \dfrac{M(2-e^2\sin^2 B)}{2(M+H)(1-\alpha)}\sin 2B\rho'' \\ 0 & 0 \\ -\dfrac{N(1-e^2\sin^2 B)}{a} & \dfrac{M(1-e^2\sin^2 B)}{(1-\alpha)}\sin B \end{pmatrix} \begin{pmatrix} \mathrm{d}a \\ \mathrm{d}\alpha \end{pmatrix}$$

$$(3\text{-}23)$$

则在新大地坐标系中的大地坐标为

$$\begin{pmatrix} B \\ L \\ H \end{pmatrix}_T = \begin{pmatrix} B \\ L \\ H \end{pmatrix} + \begin{pmatrix} \mathrm{d}B \\ \mathrm{d}L \\ \mathrm{d}H \end{pmatrix} \qquad (3\text{-}24)$$

式（3-23）、式（3-24）即为不同大地坐标系间的坐标转换公式。

◆◆◆ 第四节　坐标转换技能训练

● 训练　平面坐标系转换计算

1. 训练目的

掌握高斯平面直角坐标向地方坐标转换的计算方法。

2. 训练步骤

已知高斯平面直角坐标系原点在某地方坐标系中的坐标为（300，250），其纵轴在该地方坐标系中的坐标方位角为2°，纵、横向尺度比系数分别为0.99997和1.00023。若某点在高斯平面直角坐标系中的坐标为（5728374.726，210198.193），则该点在地方坐标系中的坐标是多少？

解题步骤：

1）进行高斯坐标系旋转，计算坐标轴平行于该地方坐标系时所求点的坐标。

$$\begin{pmatrix} x_1 \\ y_1 \end{pmatrix} = \begin{pmatrix} 0.999391 & 0.034899 \\ -0.034899 & 0.999391 \end{pmatrix} \begin{pmatrix} 5728374.726 \\ 210198.193 \end{pmatrix}_G = \begin{pmatrix} 5732221.853 \\ 10155.633 \end{pmatrix}$$

2）进行高斯坐标系平移，计算高斯坐标系原点与该地方坐标系原点重合时所求点的坐标值。

$$\begin{pmatrix} x_2 \\ y_2 \end{pmatrix} = \begin{pmatrix} 5732221.853 \\ 10155.633 \end{pmatrix} + \begin{pmatrix} -300 \\ -250 \end{pmatrix} = \begin{pmatrix} 5731921.853 \\ 9905.633 \end{pmatrix}$$

3）进行尺度改正，计算所求点在该地方坐标系中的坐标值。

$$\begin{pmatrix} x \\ y \end{pmatrix}_D = \begin{pmatrix} 5731921.853 \\ 9905.633 \end{pmatrix} + \begin{pmatrix} -0.00003 & 0 \\ 0 & 0.00023 \end{pmatrix} \begin{pmatrix} 5731921.853 \\ 9905.633 \end{pmatrix} = \begin{pmatrix} 5731749.895 \\ 9907.911 \end{pmatrix}$$

故所求点在该地方坐标系中的坐标为（5731749.895，9907.911）。

复习思考题

1. 有哪些坐标系可以确定地面点位？
2. 进行施工坐标和测量坐标的转换时，需要知道哪些已知数值？
3. 高斯平面直角坐标系是如何建立的？
4. 施工坐标和测量坐标是如何进行换算的？
5. 空间直角坐标和大地坐标是如何换算的？
6. 不同大地坐标间是如何换算的？
7. 高斯投影的条件有哪些？
8. 在城市和工程测量中常用哪些坐标系？

第四章

水准测量

《测量放线工（中级）》第六章对水准测量的原理已进行了阐述，其核心思想就是利用管水准气泡获得一条平行于大地水准面的水平视线。实际上，水准面都不是平面，而是曲面；同时，受大气折光影响，视线也不是直线，而是如图4-1所示的曲线 IN'、IM'。

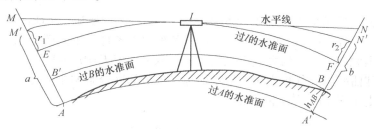

图4-1　地球曲率和大气折光对水准测量的影响

为了讨论地球曲率对水准标尺上读数的影响，现把水准面看成圆球面。由图4-1可知，A、B 两点间的高差为

$$h_{AB} = EA - FB$$

如果视线是水平的（即 IM 和 IN），则水准标尺上的读数为 MA 和 NB，分别比正确读数 EA 和 FB 多了 ME 和 NF，这就是地球曲率的影响。若用 p_1、p_2（称为球差改正）分别表示 ME 和 NF，则上式可写成

$$H_{AB} = (MA - p_1) - (NB - p_2) \tag{4-1}$$

由于大气折光的影响，实际视线不是水平直线，而是曲线 IN'、IM'，实际视线的形状非常复杂，但当视线不太长时，可将其视为圆弧。如果以 f_1、f_2（称为气差改正）分别表示大气折光影响 MM'、NN'，则有

$$h_{AB} = (a + f_1 - p_1) - (b + f_2 - p_2) \qquad (4-2)$$

一、地球曲率对水准标尺读数的影响

在图4-2中，设通过仪器中心 I 的水准面的半径为 R，仪器至水准标尺的弧长为 s，仪器至水准标尺的切线长为 t，地球曲率对水准标尺上读数的影响为 p。由图可知

$$(R + p)^2 = R^2 + t^2$$

上式中，由于 p 相对于地球半径 R 是一个微小的量，在小范围内有 $t \approx s$，因此有

$$p = \frac{t^2}{(2R + p)} \approx \frac{t^2}{2R} \approx \frac{s^2}{2R} \qquad (4-3)$$

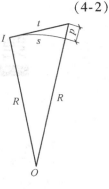

图4-2　地球曲率对水准标尺读数的影响

二、大气折光对水准标尺读数的影响

设弯曲视线的曲率为 $R' = R/K$，此处的 K 为折光系数。由于 R' 远大于 R，故 K 小于1，则按式（4-3）的相同推导过程，可得

$$f = \frac{s^2}{2\dfrac{R}{K}} = K\frac{s^2}{2R} \qquad (4-4)$$

实际上，折光系数 K 的变化是相当复杂的，不仅因为不同地区和不同方向而有差别，而且也随每天的时间、温度及其他自然条件的不同而变化，很难精确测定。我国大部分地区的大气折光系数通常取平均值 $K = 0.142$。

将地球曲率与大气折光对一根水准标尺读数的联合影响用 r 表示，称为球气差改正。由于 $K < 1$，故 r 恒为正值，则

$$r = p - f = (1 - K)\frac{s^2}{2R} \qquad (4-5)$$

三、球气差改正对水准测量路线结果的影响

考虑到球气差改正对水准测量高差的影响，有

$$h = (a - b) - (r_a - r_b) \qquad (4-6)$$

式中　r_a、r_b——分别表示球气差改正对后、前水准标尺读数的影响量。

对于一条水准路线而言，由上述原理可得

$$h_{AB} = \sum_{i=1}^{n} h_i = \sum_{i=1}^{n} a_i - \sum_{i=1}^{n} b_i - \frac{1-K}{2R}\sum_{i=1}^{n}(s_a^2 - s_b^2) \qquad (4-7)$$

设每站的 $s_a + s_b$ 相等，式（4-7）的影响量可写成

$$\Delta h_{AB} = \frac{1-K}{2R}(s_a + s_b)\sum_{i=1}^{n}(s_a - s_b) \qquad (4-8)$$

如果前、后视距之差为零，则对高差的影响也为零。实际工作中，一方面对前、后视距之差加以限制，同时对 $\sum\limits_{i=1}^{n}(s_a-s_b)$ 也加以限制，以使得 Δh_{AB} 不致过大。由于 s_a-s_b 表示后视距离与前视距离之差，它有正有负，只要在测量时随时注意它的积累，将 $\sum\limits_{i=1}^{n}(s_a-s_b)$ 控制在某一范围内并不十分困难，例如当 $s_a+s_b=200\mathrm{m}$，$\sum\limits_{i=1}^{n}(s_a-s_b)\leqslant10\mathrm{m}$ 时，$\Delta h_{AB}\leqslant0.16\mathrm{mm}$，以普通水准测量的精度而言，这一误差可忽略不计。

◇◇◇ 第二节　光学水准仪

我国的水准仪系列分为 DS_{05}、DS_1、DS_3 型等。角码表示仪器每公里往返观测的高差中误差。其中，DS_{05} 和 DS_1 型一般用于一、二等精密水准测量，DS_3 型用于三、四等水准测量和普通水准测量。

一、光学水准仪的构造

光学水准仪从构造上可分为两大类：利用管水准器来获得水平视线的管水准器水准仪，称为微倾式水准仪；利用补偿器来获得水平视线的自动安平水准仪。

1. 微倾式水准仪

图 4-3 为在一般水准测量中使用较广泛的 DS_3 型水准仪，它由望远镜、水准器和基座三个主要部分组成。

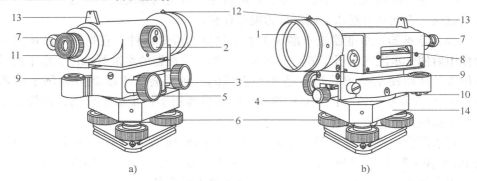

a)　　　　　　　　　　　　b)

图 4-3　DS_3 型水准仪

1—物镜　2—调焦螺旋　3—水平微动螺旋　4—水平制动螺旋　5—微倾螺旋　6—脚螺旋
7—符合管水准气泡观察窗　8—符合管水准气泡　9—圆水准气泡　10—圆水准器校正螺钉
11—目镜　12—准星　13—瞄准器　14—基座

（1）望远镜　望远镜是用来提供视线瞄准水准标尺并进行读数的设备（图4-4），它主要由物镜、目镜、调焦透镜及十字丝分划板等组成。

从望远镜内看到目标影像的视角与观测者直接用眼睛观察该目标的视角之比称为望远镜的放大率（放大倍数）。DS$_3$型水准仪望远镜的放大率一般不小于28倍。

通过物镜光心与十字丝交点的连线 CC 称为望远镜视准轴，视准轴的延长线即为视线，它是瞄准目标的依据。

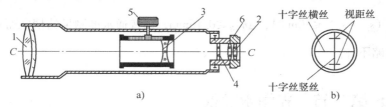

图 4-4　测量望远镜

1—物镜　2—目镜　3—调焦透镜　4—十字丝分划板　5—调焦螺旋　6—目镜调焦螺旋

用物镜的调焦螺旋进行调焦如不按规定进行，可能使目标形成的实像与十字丝分划板平面不完全重合，此时当观测者的眼睛在目镜端上、下少量移动时，就会发现目标的实像与十字丝平面之间有相对移动，这种现象称为视差。测量作业中不允许存在视差，因为它不利于精确地瞄准目标与读数，所以在观测中必须消除视差。

消除视差的方法：按操作程序先进行目镜调焦，使十字丝十分清晰；再瞄准目标进行物镜调焦，使目标十分清晰，当观测者的眼睛在目镜端略上、下少量移动时，发现目标的实像与十字丝平面之间没有相对移动，则表示视差不存在；否则应重新进行物镜调焦，直至无相对移动为止。在检查视差是否存在时，观测者的眼睛应处于松弛状态，不宜紧张，且眼睛在目镜端的移动量不宜过大，仅进行少量微动，否则会引起错觉而误认为视差存在。

（2）水准器　水准器是水准仪上整平仪器的重要部件。它是利用液体受重力作用后使管水准气泡居于最高处的特性，指示水准器的水准管轴位于水平或竖直位置，从而使水准仪获得一条水平视线的一种装置。水准器分为圆水准器（图4-5）和管水准器（图4-6）两种，圆水准器用于初步整平仪器，而管水准器用于精确整平仪器。

管水准器由圆柱状玻璃管制成，其纵向内壁研磨成具有一定半径的圆弧（圆弧半径一般为7~20m），内装酒精或乙醚；加热、密封、冷却后形成一小长条管水准气泡，因管水准气泡较轻，故处于管内最高处。

管水准器圆弧的中点 O 称为管水准器零点，通过零点 O 的圆弧切线 LL 称为水准管轴，如图4-5所示。管水准器上两相邻分划线间的圆弧（弧长为2mm）所对的圆心角称为管水准器灵敏度 τ''，用公式表示为

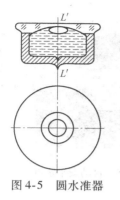

图 4-5 圆水准器

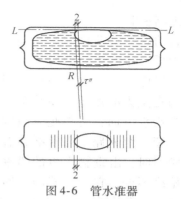

图 4-6 管水准器

$$\tau'' = \frac{2}{R}\rho'' \qquad\qquad (4-9)$$

式中 ρ''——弧秒值，一般取 $206265''$；

  R——以 "mm" 为单位的管水准器圆弧半径。

为了提高管水准器气泡居中的精度，在管水准器上方安装有一组符合棱镜，如图 4-7 所示。通过符合棱镜的反射作用，把管水准器气泡两端的影像反射到望远镜旁的管水准器气泡观察窗内。当管水准气泡两端的两个半像符合成一个圆弧时，就表示管水准器气泡居中；若两个半像错开，则表示管水准器气泡不居中。此时，可转动位于目镜下方的微倾螺旋，使管水准气

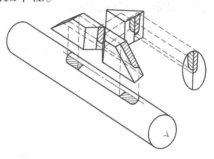

图 4-7 符合棱镜

泡两端的半像严密符合（即管水准气泡居中），达到仪器的精确整平。这种配有符合棱镜的水准器，称为符合水准器。符合棱镜不仅便于观察，同时可以使管水准气泡居中的精度提高一倍。

（3）基座 基座的作用是支撑仪器的上部，并通过联接螺旋使仪器与三脚架相连。基座由轴座、脚螺旋、底板和三角形压板构成。仪器上部的竖轴插入基座的轴座连为一个整体，通过中心联接螺旋与三脚架相连。脚螺旋用于调节圆水准器使水准仪粗略整平。

2. 自动安平水准仪

自动安平水准仪是一种不用管水准器而能自动获得水平视线的水准仪，目前国内外都生产了各种不同类型的自动安平水准仪（图 4-8）。

自动安平水准仪在用圆水准器使仪器粗略整平后，经过 1～2s 即可直接读取水平视线读数。当仪器有微小的倾斜变化时，补偿器能随时调整，始终给出正确的水平视线读数，因此它具有观测速度快、精度高的优点，广泛应用于各种等级

的水准测量中。

自动安平水准仪的核心部分是补偿器。补偿器的结构类型有多种，但每一种结构类型均需用一重物在重力的作用下使某个方向成为铅垂方向，而与此方向直接联系着一组光路，当视准轴有微小倾斜时，由重物产生的铅垂方向始终不变，它联系着的光路将始终能保持得到视准轴水平时应得的读数。

图4-8　自动安平水准仪

补偿器一般是由采用特殊材料制成的金属丝悬吊一组光学棱镜组成的，它利用重力原理来进行视线整平。如图4-9所示，由于 α 和 β 的值都很小，如果能使

$$f\alpha = d\beta \tag{4-10}$$

成立，则能达到补偿目的。

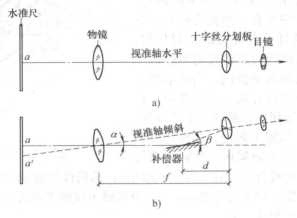

图4-9　补偿器工作原理

目前，在自动安平水准仪上采用的补偿器还有吊丝式、轴承式、簧片式和液体式等几种。

二、光学水准仪的使用

1. 微倾式水准仪

（1）安置仪器　水准测量时应将测站设置在与前、后两个立尺点的距离接近相等，土质比较坚实，便于观测者操作仪器的位置。此外，仪器安置的高度也要适当，一般应比人眼的高度略低，并保持架头大致水平。最后，还要将三脚架的三个脚尖踩实，使三脚架稳定。

（2）粗略整平 粗略整平就是初步整平仪器。通过调节三个脚螺旋使圆水准器的水准气泡居中，从而使仪器的竖轴大致铅垂。在整平的过程中，水准气泡移动的方向与左手大拇指转动脚螺旋时的移动方向一致。

（3）瞄准水准标尺 调节十字丝最清晰后，用望远镜的准星粗瞄目标水准标尺，旋紧水平制动螺旋，调焦使目标清楚，调节水平微动螺旋使十字丝的竖丝和标尺中心重合。

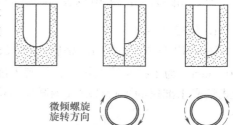

图4-10 管水准气泡的符合

（4）精确整平 转动位于目镜右下方的微倾螺旋，从管水准气泡观察窗内看到符合管水准气泡严密符合（管水准气泡居中），如图4-10所示。此时，视线即为水平视线。

（5）读数记录 读数时，观测者应先估读水准标尺上的毫米值（小于一格的估值）；然后读出米、分米及厘米值，一般应读出四位数。图4-11a中水准标尺的中丝读数为1.608m，其中末位数8是估读的毫米值，如果以"mm"为单位，可记为1608。读数后应立即重新检视符合管水准气泡是否仍居中，如仍居中，则读数有效；否则应重新使符合管水准气泡居中后再读数。记录者应准确无误地将读数记入记录手簿的相应栏内，并清晰地回报数字。

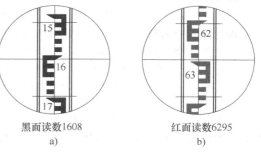

黑面读数1608
a)

红面读数6295
b)

图4-11 瞄准水准标尺与读数

2. 自动安平水准仪

自动安平水准仪的使用方法较微倾式水准仪简便，首先也是用脚螺旋使圆水准器的水准气泡居中，完成仪器的粗略整平；然后用望远镜照准水准标尺，即可用十字丝的横丝读取水准标尺读数，所得的就是水平视线读数。

由于补偿器有一定的工作范围（能起到补偿作用的范围），所以使用自动安平水准仪时，要防止补偿器贴靠周围的部件而不处于自由悬挂的状态。

有的自动安平水准仪在目镜旁有一按钮，它可以直接触动补偿器。读数前可轻按此按钮，以检查补偿器是否处于正常工作状态，同时也可以消除补偿器有轻微的贴靠现象。如果每次触动按钮后，水准标尺读数发生变动后又能恢复原有读数，则表示工作正常。

如果仪器上没有这种检查按钮，则可用脚螺旋使仪器的竖轴在视线方向稍倾斜，若读数不变则表示补偿器工作正常。由于要确保补偿器处于工作范围内，故使用自动安平水准仪时应十分注意圆水准器的水准气泡居中。

三、精密水准仪和精密水准标尺

1. 精密水准仪

图 4-12 是 N_3 型微倾式精密水准仪，其每公里往返测高差中数的中误差为 ±0.3mm。为了提高读数精度，精密水准仪上设有平行玻璃板测微器，N_3 型微倾式精密水准仪的平行玻璃板测微器结构如图 4-13 所示。

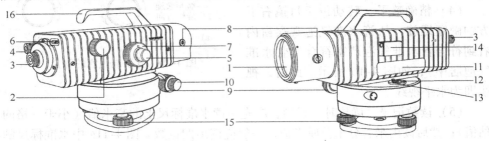

图 4-12 N_3 型微倾式精密水准仪

1—物镜 2—调焦螺旋 3—目镜 4—管水准气泡观察窗 5—微倾螺旋 6—微倾螺旋行程指示器
7—平行玻璃板测微螺旋 8—平行玻璃板旋转轴 9—制动螺旋 10—微动螺旋
11—管水准气泡照明窗 12—圆管水准气泡 13—圆管水准气泡校正螺钉
14—圆管水准气泡观察窗 15—脚螺旋 16—手柄

图 4-13 中，光学测微器由平行玻璃板、测微尺、测微螺旋和传动杆等部件组成。平行玻璃板通过传动杆和测微尺相连。测微尺上有 100 个分格，它和 10mm 对应，即每分格为 0.1mm，可估读到 0.01mm。转动测微螺旋时，传动杆就带动平行玻璃板相对物镜前、后倾斜，并带动测微尺进行相应移动。

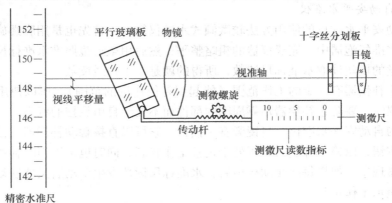

图 4-13 N_3 型微倾式精密水准仪的平行玻璃板测微器结构

视线经过倾斜的平行玻璃板时产生上、下平行移动，可以使原来并不对准尺上某一分划的视线能够精确对准某一分划，从而读到一个整分划读数（图4-13中的148cm分划）；而视线在尺上的平行移动量则由测微尺记录下来，测微尺的读数通过光路成像在测微尺的读数窗内。

将尺上的读数加上测微尺上的读数就等于标尺的实际读数。图4-14的读数为148cm+0.655cm=148.655cm=1.48655m。

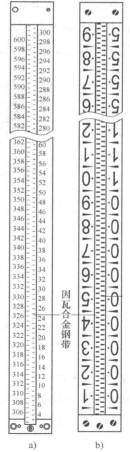

图4-14 读数窗

2. 精密水准标尺

与精密水准仪配合使用的是因瓦水准标尺，因瓦是一种膨胀系数极小的合金，因此尺的长度分划几乎不受气温变化的影响。

精密水准尺的分格值有10mm和5mm两种。分格值为10mm的精密水准尺如图4-15a所示，它有两排分划，尺面右边一排的分划注记为0～300cm，称为基本分划；左边一排的分划注记为300～600cm，称为辅助分划。同一高度的基本分划与辅助分划的读数相差一个常数30155，称为基辅差，水准测量时可以用来检查读数的正确性。

分格值为5mm的精密水准标尺如图4-15b所示，它也有两排分划，但两排分划彼此错开5mm，左边是单数分划，右边是双数分划，也就是单数分划和双数分划各占一排，而没有辅助分划。尺面右边注记的是米值，左边注记的是分米值，整个注记为0.1～5.9m，实际分格值为5mm。由于分划注记比实际数值大了一倍，所以用这种水准尺测得的高差值必须除以2才是实际的高差值。

图4-15 精密水准标尺

◇◇◇◇ 第三节　电子水准仪

电子水准仪是集电子光学、图像处理、计算机技术于一体的水准测量仪器，具有速度快，精度高，使用方便，操作人员劳动强度低，便于用电子手簿记录、实现内、外业一体化等优点，代表了当代水准仪的发展方向，具有光学水准仪无可比拟的优越性。

一、电子水准仪的构造

电子水准仪的组成部分为望远镜、水准器、自动补偿系统、计算存储系统与显示系统。图4-16为SDL30M型电子水准仪的基本构造。SDL30M型电子水准仪的望远镜的放大率为32倍，自动整平，配合使用条码标尺能自动读数和记录，并以数字的形式显示，可用于二、三、四等水准测量。

图4-16　SDL30M型电子水准仪的基本构造

1—粗瞄准器　2—显示屏　3—圆水准器观察镜　4—电池盒护盖　5—目镜及调焦环

6—键盘　7—十字丝校正螺钉及护盖　8—水平度盘设置环　9—脚螺旋　10—提柄

11—物镜　12—物镜调焦螺旋　13—圆水准器　14—测量键　15—水平微动螺旋

16—数据输出插口　17—水平度盘　18—底板

图4-17为SDL30M型电子水准仪的目镜端和操作面板。

SDL30M型电子水准仪各操作键的功能如下：

1）“照明”键。按“照明”键可照明显示屏，再按“照明”键则关闭照明。

2）“电源”键。电源键为仪器的电源开关，单按“电源”键为开机，同时

图 4-17 SDL30M 型电子水准仪的目镜端和操作面板

1—显示屏 2—电池盒护盖 3—目镜 4—目镜调焦螺旋
5—圆水准器观察镜 6—"照明"键 7—"电源"键 8—"返回"键
9—"菜单"键 10—"光标移动"键 11—"回车"键

按"照明"键和"电源"键为关机。

3）"返回"键。按"返回"键可返回显示屏幕，或取消输入数据。

4）"菜单"键。按"菜单"键显示菜单屏幕，用"光标移动"键及"回车"键选择菜单项。

5）"光标移动"键。"光标移动"键可使显示屏中的光标移动，或增减数值，或改变数值的正、负号。

6）"回车"键。选择菜单项后按"回车"键，可进入所选菜单功能，或将输入数值送入仪器内存。

7）"测量"键。按"测量"键开始测量作业（图 4-17 中仪器右侧的圆形按钮）。

二、电子水准仪的使用

电子水准仪有测量和放样等多种功能，并可以自动读数、计算和记录，通过各种操作模式来实现。图 4-18 为 SDL30M 型电子水准仪的操作模式结构图，图中表示菜单和各种模式的屏幕显示。

仪器开机后，显示可以进行一般水准测量的"状态屏幕"，按"菜单"键显示菜单屏幕（共两页，再次按"菜单"键，可使其轮流显示）；按"返回"键可返回"状态屏幕"。菜单屏幕共有 8 个菜单项，选取某一菜单项后按"回车"键，分别显示其工作模式（内容）："JOB"为文件设置模式，包含有 4 个选项的子菜单；"REC"为记录设置模式，包含有 4 个选项的子菜单；"Ht – diff"为高差测量模式；"Elev."为高程测量模式；"S – O"为放样测量模式，包含有 3 个选项的子菜单；"Config."为参数设置模式，包含有 6 个选项的子菜单（分两页）。SDL30M 型电子水准仪的菜单详细说明见表 4-1。

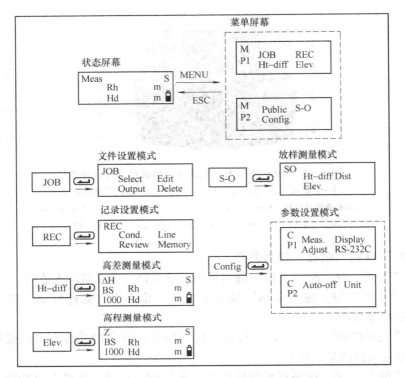

图 4-18　SDL30M 型电子水准仪的操作模式结构图

表 4-1　SDL30M 型电子水准仪的菜单说明

菜单	主菜单	子菜单	中/英文名	注　释
MENU　P1	JOB 作业	Select	选择	开始测量前选择一个工程名，该工程可通过 Edit 进行编辑，但只能用西文
		Edit	编辑	对工程名进行编辑更名
		Output	输出	输出文件，在此菜单下可选择需要输出的工程名
		Delete	删除	删除文件功能，文件删除需在文件模式下进行
	REC 记录 模式	Cond. 记录条件	Manual	测量完成经检查后纪录
			Auto	前视点测量数据自动记录，后视点测量数据经检查后纪录
			Off	不记录数据
		Line 往返测量	Go	记录往测数据
			Return	记录返测数据
		Review	Review	查阅，或调阅内存数据
		Memory	Free：1980	检查内存容量，最大容量为 2000 点内存
	Ht – diff 高差测量			用于测定后视点 A 和前视点 B 的高差 Δh
	Elev. 高 程测量	Input Elev.	高程测量	进入高程测量模式后，首先输入起点高程值，按"回车"键后进入测量界面。测量过程同高差测量

（续）

菜单	主菜单	子菜单	中/英文名		注　释
MENU	P2	Public 等级水准测量	Class：1st	一等水准	往/奇：后－前－前－后；往/偶：前－后－后－前
			Class：2nc	二等水准	往/奇：后－前－前－后；往/偶：前－后－后－前
			Class：3rc	三等水准	往/奇：后－前－前－后；往/偶：后－前－前－后
			Class：4th	四等水准	往/奇：后－后－前－前；往/偶：后－后－前－前
		S－O 放样	Ht－diff	高差放样	输入相对于 A 点的高差值 ΔH 求 B 点的高程
			Dist	距离放样	输入相对于 A 点的距离值 Δd 求 B 点的位置
			Elev.	高程放样	输入已知水准点 A 推算的高程值 $H_A + \Delta H$，SDL30M 型电子水准仪可根据 $H_A + \Delta H$ 求 B 点的高程
		Config 系统参数设置	Meas. 测量模式设置	Single	单次测量：每次完成一次精测读数后自动停止读数
				Repeat	重复测量：按"回车"键或"测量"键停止
				Ave	平均测量：结果取均值，可设置测量次数为 2~9 次
				Waving	摇尺测量：测尺晃动下的连续粗测读数，按"回车"键或"测量"键停止测量
				Track	跟踪测量：连续粗测按"回车"键或"测量"键停止
			Display	小数位设置	显示小数位设置，可设 0.00001；0.001m
			Adjust	十字丝校验	十字丝位置不正确会给测量结果带来误差，需要校正时，在此界面下进行机械校正
			RS－232C	通信设置	设置通信参数，可设置波特率；奇偶校验 N/O/E
			Auto－off	自动关机	自动断电设置，无操作 30min 自动关机
			Unit	测量单位	可设置 m（米）或 ft（英尺）

三、条码水准标尺

（1）编码规则　索佳 SDL30M 型电子水准仪的编码标尺采用的是随机双向码（RAB 码）。每 6 个码组成一个宽度变化的间隔，其中每个码元的宽度和 16mm 的基码宽度存在某种对应关系，这种对应关系为 1＝4∶12，2＝6∶10，3＝8∶8，4＝10∶6，5＝12∶4。通过这种对应关系，每个码的码词便能被判读出来。图 4-19 为 SDL30M 型电子水准仪所用的条码水准标尺的条码图案。

（2）自动读数的原理　在数字水准测量系统中，当望远镜把标尺成像在其十字丝分划面上时，一组由光敏二极管组成的探测器阵列把条码图像转换成具有 256 位灰度值的模拟视频信号，对其整形放大和数字化后，将形成的测量信号与仪器内存的标准信号进行比较，就可以实现自动读数，如图 4-20 所示。

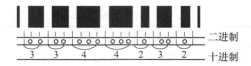

图 4-19　SDL30M 型电子水准仪所用的条码水准标尺的条码图案

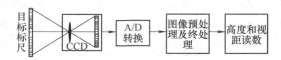

图 4-20　电子水准仪自动读数原理

◇◇◇ 第四节　三、四等水准测量

一、三、四等水准测量技术要求

1. 测量精度

三、四等水准测量，每公里水准测量的偶然中误差 M_Δ 和全中误差 M_W，不应超过表 4-2 中规定的数值。

表 4-2　三、四等水准测量精度

测量等级	三等	四等
M_Δ/mm	3.0	5.0
M_W/mm	6.0	10.0

2. 测站设置要求

测站的视线长度，前、后视距差，视线高度，数字水准仪重复测量次数，以及任一测站的前、后视距差累积按表 4-3 的规定执行。使用 DS_3 型以上的数字水准仪进行三、四等水准测量观测时，其上述技术指标应不低于表 4-3 中 DS_1、DS_{05} 型光学水准仪的要求。

表 4-3　水准测量技术要求

等级	仪器类别	视线长度	前、后视距差	任一测站的前、后视距差累积	视线高度	数字水准仪重复测量次数
三等	DS_3	≤75	≤2.0	≤5.0	三丝能读数	≥3 次
	DS_1、DS_{05}	≤100				
四等	DS_3	≤100	≤3.0	≤10.0	三丝能读数	≥2 次
	DS_1、DS_{05}	≤150				

3. 测站观测限差

测站观测限差按表4-4的规定执行。

表4-4 观测限差

等级	观测方法	基、辅分划（黑、红面）读数差	基、辅分划（黑、红面）所测高差的差	单程双转点观测时，左右路线转点差	监测间歇点高差的差
三等	中丝读数法	2.0	3.0	—	3.0
	光学测微法	1.0	1.5	1.5	
四等	中丝读数法	3.0	5.0	4.0	5.0

二、观测方法

三等水准测量采用中丝读数法进行往返测量。当使用有光学测微器的水准仪和线条式因瓦水准标尺进行观测时，也可进行单程双转点观测。四等水准测量采用中丝读数法进行单程观测时，支线应往返测量或单程双转点观测。

三、四等水准测量采用单程双转点法观测时，在每一转点处安置左右相距0.5m的两个尺台，对应于左右两条水准路线。每一测站按规定的观测方法和操作程序，首先完成右路线的观测，然后进行左路线的观测。

1. 光学水准仪

三等水准测量在每个测站上的观测顺序为：后视标尺黑面（基本分划）→前视标尺黑面（基本分划）→前视标尺红面（辅助分划）→后视标尺红面（辅助分划）。四等水准测量在每个测站上的观测顺序为：后视标尺黑面（基本分划）→后视标尺红面（辅助分划）→前视标尺黑面（基本分划）→前视标尺红面（辅助分划）。

具体来讲，一个测站的观测步骤如下（以三等水准测量为例）：

1）首先将仪器整平（管水准气泡式水准仪的望远镜绕垂直轴旋转时，管水准气泡两端影像的分离不得超过1cm，自动安平水准仪的圆管水准气泡位于指标环中央）。

2）将望远镜对准后视标尺的黑面，用倾斜螺旋调准管水准气泡准确居中，读取视距丝和中丝读数（四等观测可不读上、下丝读数，直接读取距离）。

3）旋转望远镜照准前视标尺的黑面，读取视距丝和中丝读数。

4）照准前视标尺的红面，读取中丝读数。

5）旋转望远镜照准后视标尺的红面，读取中丝读数。

使用单排分划的因瓦标尺观测时，对单排分划进行两次照准读数，代替基辅分划读数。

2. 电子水准仪

三等水准测量在每个测站上的观测顺序为：后视标尺→前视标尺→前视标尺→后视标尺。四等水准测量在每个测站上的观测顺序为：后视标尺→后视标尺→前视标尺→前视标尺。

具体来讲，一个测站的观测步骤如下（以三等水准测量为例）：

1）安置仪器。与普通水准仪一样，在选好的测站上松开脚架伸缩螺旋，调整好脚架后将其固定；然后将仪器用联接螺旋固定在架头上，按"电源"键开机。

2）粗平。转动脚螺旋，使圆管水准气泡居中。

3）安置水准标尺。立尺时，若尺面的反射光过强，则将尺子稍微旋转以减少对仪器的反射。测量时，应确保无阴影投射在尺面上。

4）安置好仪器，开机后屏幕显示为"状态模式"。按"MENU"键进入菜单模式，进行如下设置：

① 选取文件。"JOB"→"Select"→选取保存水准测量数据的文件，往返测量数据需保存在不同的文件中，如图4-21所示。

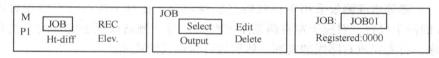

图4-21　选取文件

② 测量方向选取。"REC"→"Line"→选择方向：往测时选择"Go"，返测时选择"Return"，如图4-22所示。

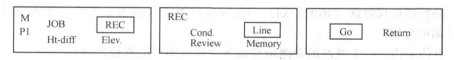

图4-22　选择方向

③ 选取水准测量等级及重复测量次数。"Public"→"3rd"，利用"光标移动"键选择重复测量次数为3，完成后按"回车"键，如图4-23所示。

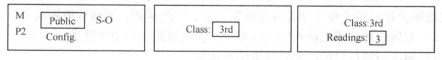

图4-23　选择水准测量等级

5）在菜单模式下选取"Elev."（高程测量），按"回车"键后进入高程测量模式，提示输入后视点的高程。其方法如下：用"向下光标移动"键改变光标处的正、负号或增大数值，用"向右光标移动"键将光标移至下一位，直至得到已知点高程值；然后按"回车"键将高程值输入内存，屏幕显示如图4-24所示。

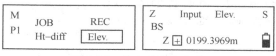

图4-24 输入后视点高程

6）按照"后→前→前→后"的顺序进行观测。照准后视标尺按"测量"键进行第一次后视读数，仪器按照设定的重复次数测量后取平均值，并将结果和可记录的数据显示在屏幕上，如图4-25所示。

图4-25 显示后视结果

此时进行"视线长度"限差检核，若超限则给出超限提示。选取"Yes"，则进行调整之后重新读数；选取"No"，则放弃该测站所测结果，重新设站。

7）照准前视标尺测量，选择"Y"确认，仪器显示前视读数，如图4-26所示。此时，仪器进行"前后视距差"和"视距差累计"限差检核，并将其显示在屏幕上。选取"Yes"，则进行调整之后重新读数；选取"No"，则放弃该测站所测结果，重新设站。

8）照准前视标尺读数，最后再照准后视标尺读数。选择"Y"确认，仪器显示第二次的后视读数。此时，仪器进行"前、后视标尺两次读数差"限差检核，若超限则给出超限提示。选取"Yes"，则进行调整之后重新读数；选取"No"，则放弃该测站所测结果，重新设站。

9）选择"Y"确认，屏幕显示该测站的高差值"Δh"和前视点的高程值"Z"。

10）按"回车"键确认并保存测量结果。按"菜单"键，屏幕提示"是否移动测站?"，如图4-27所示。选择"Yes"后按"回车"键，则前视点作为转点，其高程作为转点的高程，迁站后可继续进行高程测量。

图4-26 显示前视结果　　　　　　　图4-27 移动测站

三、成果整理

三、四等水准测量的闭合路线或附合路线的成果整理，其高差闭合差首先应满足表4-5的要求；然后对高差闭合差进行调整。

表 4-5　三、四等水准测量闭合差限差

等级	测段、路线往返测高差不符值/mm	测段、路线的左、右路线高差不符值/mm	附和路线或环线闭合差/mm		检测已测测段高差的差/mm
			平原	山区	
三等	$\pm 12\sqrt{K}$	$\pm 8\sqrt{K}$	$\pm 12\sqrt{L}$	$\pm 15\sqrt{L}$	$\pm 20\sqrt{R}$
四等	$\pm 20\sqrt{K}$	$\pm 14\sqrt{K}$	$\pm 20\sqrt{L}$	$\pm 25\sqrt{L}$	$\pm 30\sqrt{R}$

注：K——路线或测段的长度（km）；

　　L——附和路线（环线）长度（km）；

　　R——检测测段长度（km）；

山区指高程超过 1000m 或路线中最大高差超过 400m 的地区。

高差闭合差可以定义为：在控制测量中，实测高差的总和与理论高差的总和之间的差值，表示为

$$f_h = \sum h_测 - \sum h_理 \tag{4-11}$$

在外业时，可用式（4-11）检验外业的质量，判断是否结束外业。水准路线计算高差闭合差所用的公式为

$$f_h = \sum a_i - \sum b_i - (H_终 - H_始) \tag{4-12}$$

式中　a_i——后视读数；

　　　b_i——前视读数。

若计算出的高差闭合差在允许范围内时，可进行高差闭合差的分配，分配原则是：对于闭合或附合水准路线，按与路线长度 L 或按路线测站数 n 成正比的原则，将高差闭合差反其符号进行分配，用数学式表示为

$$v_{h_i} = -\frac{f_h}{\sum L_i} L_i \quad 或 \quad v_{h_i} = -\frac{f_h}{\sum n_i} n_i \tag{4-13}$$

式中　$\sum L_i$——水准路线总长度；

　　　L_i——第 i 测段的路线长；

　　　$\sum n_i$——水准路线总测站数；

　　　n_i——第 i 测段的路线站数；

　　　v_{h_i}——分配给第 i 测段观测高差 h_i 上的改正数；

　　　f_h——水准路线高差闭合差。

高差改正数计算的校核式为 $\sum v_{h_i} = -f_h$，若满足则说明计算无误。

在高差闭合差的计算中，计算的高差闭合差要和允许值进行比较，若超出允许值，则应返工重新测量每个测站的高差；在不超出允许值的情况下才可进行闭合差的调整。

在闭合差的调整中，应判断最后一个改正数是否与计算的高差闭合差大小相等、符号相反，否则不允许进行改正后的高程计算。在高程的计算中，则要判断

改正后的终点高程是否等于理论值。

最后按调整后的高差计算各水准点的高程。若为支水准路线，则在满足要求后取往返测量结果的平均值为最后结果，据此计算水准点的高程。

《城市测量规范》（CJJ/T 8—2011）规定，各等级高程控制网（指一、二、三、四等水准网）应采用条件平差或间接平差进行成果计算，详见《测量放线工（技师）》第二章。如果需要，可使用专用的平差计算软件，如武汉大学测绘学院或南方测绘的平差易平差软件。

经过检查验收的水准测量成果，须按路线（环线）进行清点整理，编制目录，开列清单，并上交资料给管理部门。资料项目如下：

1）技术设计书。

2）水准点点之记。

3）水准路线图及结点接测图。

4）测量标志委托保管书。

5）水准仪、水准标尺检验资料。

6）观测手簿。

7）技术总结。

8）检查验收报告。

◇◇◇ 第五节　水准仪检校

一、水准仪轴线及应满足的几何关系

如图 4-28 所示，水准仪的轴线主要有视准轴 CC，水准管轴 LL，圆水准管轴 $L'L'$，仪器竖轴 VV。

根据水准测量原理，水准仪必须提供一条水平视线（即视准轴水平），而视线是否水平是根据管水准气泡是否居中来判断的，如果管水准气泡居中，而视线不水平，则不符合水准测量原理，因此水准仪在轴线构造上应满足水准管轴平行于视准轴这一主要几何条件。

此外，为了便于迅速、有效地用微倾螺旋使符合管水准气泡精确整

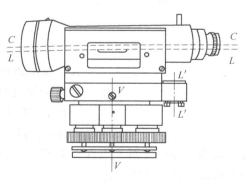

图 4-28　水准仪的轴线

平，应先用脚螺旋使圆水准器的水准气泡居中，使仪器粗略整平，仪器竖轴基本处于铅垂位置，故水准仪还应满足圆水准管轴平行于仪器竖轴的几何条件；为了准确地用中丝（横丝）进行读数，当水准仪的竖轴铅垂时，中丝应当水平。

综上所述，水准仪的轴线应满足的几何条件为：

1）圆水准管轴应平行于仪器竖轴（$L'L' /\!/ VV$）。

2）十字丝的中丝应垂直于仪器竖轴（即中丝应水平）。

3）水准管轴应平行于视准轴（$LL /\!/ CC$）。

二、光学水准仪的检校

1. 圆水准管轴平行于仪器竖轴的检验与校正

（1）检验方法　安置水准仪后，转动脚螺旋使圆水准气泡居中（图4-30a），然后将仪器绕竖轴旋转180°。如圆管水准气泡仍居中，则表示该几何条件满足，不必校正；如圆管水准气泡偏离中心（图4-30b），则表示该几何条件不满足，需要进行校正。

（2）校正方法　水准仪不动，旋转脚螺旋，使水准气泡向圆水准器的中心方向移动偏离值的一半（图4-29c中的粗线圆圈处）；然后用校正针先稍松动一下圆水准器底下中间一个大一点的联接螺钉（图4-30），再分别拨动圆水准器底下的三个校正螺钉，使圆水准气泡居中，如图4-29d所示。校正完毕后，应记住把中间一个联接螺钉再旋紧。

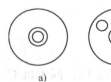

　　a)　　　　　b)　　　　　c)　　　　　d)

图4-29　圆水准器的检校

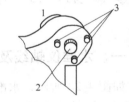

图4-30　圆水准器校正螺钉

1—圆水准器　2—联接螺钉

3—校正螺钉

2. 十字丝的中丝垂直于仪器竖轴的检验与校正

（1）检验方法　若十字丝的中丝已垂直于仪器竖轴，当竖轴铅垂时，中丝应水平，则中丝的不同部位在水准标尺上的读数应该是相同的。水准仪整平后，用十字丝的交点瞄准某一明显的点状目标A，制紧制动扳手，缓慢地转动微动螺旋，从望远镜中观测A点在左右移动时是否始终沿着中丝移动，如果始终沿着中丝移动，则表示中丝是水平的，否则需要校正。

（2）校正方法　校正方法因十字丝装置的形式不同而异。如图4-31所示的形式，需旋下目镜端的十字丝环外罩，用螺钉旋具松开十字丝环的四个固定螺钉，按中丝倾斜的反方向小心地转动十字丝环，直至中丝水平，再重复检验；最后固紧十字丝环的固定螺钉，旋上十字丝外罩。

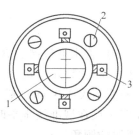

3. 水准管轴平行于视准轴的检验与校正

（1）检验原理　设水准管轴不平行于视准轴，它们在竖直面内投影的夹角为 i，如图4-32所示。当管水准气泡居中时，视准轴相对于水平线方向向上（有时向下）倾斜了 i 角，则视线（视准轴）在尺上的读数偏差为 x；随着水准标尺离开水准仪越远，由此引起的读

图4-31　十字丝的检校
1—十字丝分划板
2—十字丝固定螺钉
3—十字丝校正螺钉

数误差也就越大。当水准仪至水准标尺的前、后视距相等时，即使存在 i 角误差，因在两根水准标尺上读数的偏差 x_1 和 x_2 相等，则后、前视读数相减所求出的高差不受 i 角影响，得到相当于水平视线时的高差值。而前、后视距不等时，所求高差必受 i 角影响，随着前、后视距差距的增大，则 i 角误差对高差的影响也会随之增大。

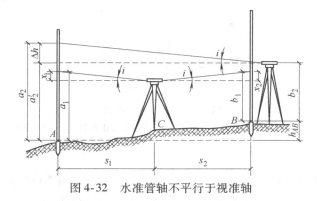

图4-32　水准管轴不平行于视准轴

（2）检校方法

检验方法一：

1）在平坦地面上选定相距 $60 \sim 80$ m 的 A、B 两点（打木桩或安放尺垫），并在 A、B 两点中间选择一点 C，且使 $s_1 = s_2$，如图4-32所示。

2）将水准仪安置于 C 点，分别在 A、B 两点上竖立水准标尺，读数为 a_1 和 b_1。

3）改变水准仪的高度（10cm 以上），再次读取两水准标尺上的读数为 a_1'、b_1'。

4）计算两次测量的高差。对于 DS_3 型水准仪，若其差值不大于5mm，则取其平均值，作为 A、B 两点间不受 i 角影响的正确高差。

$$h_1 = \frac{1}{2}\left[\,(a_1 - b_1) + (a_1' - b_1')\,\right]$$

5）将水准仪搬到 B 点附近（距 B 尺约 2m 处），精平后分别读取 A、B 两水准标尺的读数 a_2、b_2，测得高差 $h_2 = a_2 - b_2$。对于 DS$_3$ 型水准仪，如果 h_1 与 h_2 的差值不大于 3mm，则可以认为水准管轴平行于视准轴；否则，应按下列公式计算 A 尺在视准线水平时的应有读数 a_2' 和视准轴与水准管轴在竖直面内的交角（视线的倾角）i

$$a_2' = h_1 + b_2$$

$$i = \frac{|a_2 - a_2'|}{s_1 + s_2}\rho''$$

校正：对于 DS$_3$ 型水准仪，当 $i > 20''$ 时，需要校正。转动微倾螺旋，使横丝在 A 尺上的读数从 a_2 移到 a_2'。此时，视准轴已水平，但管水准气泡不居中，用校正针拨动管水准器上、下两个校正螺钉，使管水准气泡恢复居中（水准管轴水平），如图 4-33 所示。

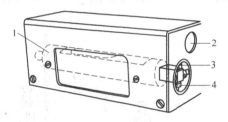

图 4-33　校正管水准器

1—管水准器　2—管水准气泡观察窗　3—上校正螺钉　4—下校正螺钉

检验方法二：

1）在平坦地面的一直线上选定 J_1、A、B、J_2 四点，相邻点的间距离为 20.6m，如图 4-34 所示。在 J_1、J_2 点用小木桩或测钎做好标志，在 A、B 点安置尺垫。

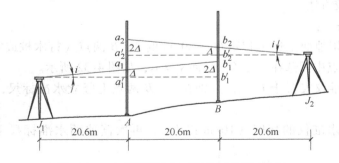

图 4-34　水准管轴平行于视准轴的检验方法

2）水准仪先安置于 J_1 点，精平仪器后分别读取 A、B 两水准标尺的读数 a_1、b_1。如果 $i=0$，则视线水平，A、B 两水准标尺的读数应为 a_1'、b_1'，由 i 角引起的读数误差分别为 Δ 和 2Δ。

3）把仪器搬到 J_2 点，精平仪器后分别读取 A、B 两水准标尺的读数 a_2、b_2。若视线水平，则正确读数为 a_2'、b_2'，读数误差分别为 2Δ 和 Δ。

4）在 J_1 点和 J_2 点测得的正确高差分别为

$$h_1' = a_1' - b_1' = (a_1 - \Delta) - (b_1 - 2\Delta) = a_1 - b_1 + \Delta$$
$$h_2' = a_2' - b_2' = (a_2 - 2\Delta) - (b_2 - \Delta) = a_2 - b_2 - \Delta$$

5）如果不考虑其他误差，则 $h_1' = h_2'$，由此得到

$$2\Delta = (a_2 - b_2) - (a_1 - b_1) = h_2 - h_1 , \Delta = \frac{(h_2 - h_1)}{2}$$

6）由于 Δ 因 i 角引起的，故

$$\Delta = S \frac{i''}{\rho''} , i'' = \frac{\Delta}{s} \rho'' = \frac{(h_2 - h_1)}{2s} \rho''$$

取 $\rho'' = 206265$，$s = 20.6\text{m}$，因此

$$i \approx 10\Delta \quad (\Delta \text{ 以 "mm" 为单位})$$

校正：对于 DS$_1$ 型水准仪，当 $i > 15''$ 时，需要进行校正（i 角校正）。校正在 J_2 测站上进行，先求出水准标尺 A 的正确读数 a_2'

$$a_2' = a_2 - 2\Delta$$

1）瞄准 A 尺，旋转微倾螺旋，使十字丝的中丝对准 A 尺上的正确读数 a_2'，此时符合管水准气泡就不再居中了，但视线已处于水平位置。

2）用校正针拨动位于目镜端的管水准器上、下两个校正螺钉，使符合管水准气泡严格居中。此时，水准管轴也处于水平位置，达到了水准管轴平行于视准轴的要求。

3）再检查另一水准标尺 B 上的读数是否正确（其正确读数为 $b_2' = b_2 - \Delta$）。校正需反复进行，使 i 角满足要求为止。

校正管水准器前，应首先决定要抬高还是降低管水准器有校正螺钉的一端（目镜端），以决定校正螺钉的转动方向。在转动校正螺钉时，必须遵循"先松后紧"的原则。

三、电子水准仪的检校

1. 圆水准器的检验和校正

电子水准仪圆水准器的检验和校正方法同光学水准仪。

2. 十字丝的检验和校正

仪器整平后，视准轴不水平或自动读数与人工读数不一致时，应校正十字

丝。校正十字丝时，应首先设置内部常数，然后再进行机械校正。

（1）CCD 参数设置值校正

1）按"菜单"键显示菜单屏幕，用光标选取"Config."后按"回车"键，显示"参数设置模式"（第一页）。

2）用光标选取"Adjust"（校正）后按"回车"键，屏幕显示"引导提示"，如图 4-35 所示。

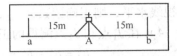

图 4-35 视准轴检验的屏幕引导

3）按提示将仪器安置于标尺 a、b（相隔 30m）的中点 A，瞄准标尺 a，调焦后按"测量"键，检查显示的观测值，选取"Yes"后按"回车"键，如图 4-36a 所示。

4）瞄准标尺 b，调焦后按"测量"键，选取"Yes"后按"回车"键，如图 4-36b 所示。

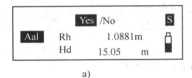
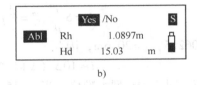

图 4-36 视准轴检验的读数

5）屏幕提问："是否旋转三脚架？"（图 4-37a），选取"Yes"后按"回车"键；屏幕引导提示三脚架的旋转位置，如图 4-37b 所示。

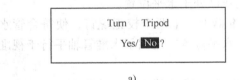
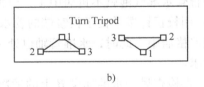

图 4-37 三脚架转动的屏幕引导

6）重复以上对 a、b 尺的观测；根据屏幕的引导提示，将仪器安置于标尺 a、b 的连线上［距标尺 a 约 3m 的位置 B 处（图 4-38）］，重复以上对 a、b 标尺的观测和读数。

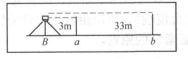

图 4-38 视准轴检验的屏幕引导

7）屏幕显示视准轴的检验结果——仪器安置于 a、b 中间和一端所测得高差的差值（diff.），如图 4-39a 所示。如果差值小于 3mm 则不需校正，选取"No"后按"回车"键。

8）屏幕提问："是否退出校正？"（图 4-39b），选取"Yes"后按"回车"

键，返回菜单模式。

9）如果差值大于3mm（图4-39c），选取"Yes"后按"回车"键，仪器根据观测结果计算并储存十字丝的校正值后返回菜单模式。

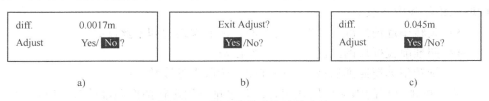

| diff. | 0.0017m | | Exit Adjust? | | diff. | 0.045m |
| Adjust | Yes/ No ? | | Yes /No? | | Adjust | Yes /No? |

| a) | b) | c) |

图4-39 视准轴检验的结果确认

（2）十字丝机械校正 在测站B瞄准标尺b的条码尺进行自动读数，再瞄准标尺b的分划尺面进行人工读数。如果两个读数的差值不大于2mm，则不需要进行十字丝的机械校正；否则按以下步骤进行机械校正：卸下目镜处的十字丝校正螺钉护盖，用六角扳手调整校正螺钉，当人工读数值大于（小于）自动读数值时，可通过旋松校正螺钉来调低（调高）十字丝的位置；调整至人工读数与自动读数的差值小于2mm时为止，然后安装好护盖。

◇◇◇ 第六节 水准测量技能训练

• **训练1 三等水准测量与外业计算**

1. 训练目的

1）了解三等水准测量外业实施的方法与步骤。

2）了解三等水准测量的技术要求。

3）掌握三等水准测量的外业计算方法。

2. 训练步骤

（1）三等水准测量技术要求 三等水准测量的技术要求见表4-2～表4-4，更多技术要求参见《国家三、四等水准测量规范》（GB/T 12898—2009）。

（2）三等水准测量外业工作 三等水准测量采用中丝读数法进行往返测。当使用有光学测微器的水准仪和线条式因瓦水准标尺观测时，也可进行单程双转点观测。每个测站上的观测顺序为：

1）后视标尺黑面（基本分划）。

2）前视标尺黑面（基本分划）。

3）前视标尺红面（辅助分划）。

4）后视标尺红面（辅助分划）。

具体来讲，一个测站的观测步骤如下：

1）整平仪器。

2）将望远镜对准后视标尺的黑面，用倾斜螺旋调准管水准气泡准确居中，读取视距丝和中丝读数。

3）旋转望远镜照准前视标尺的黑面，读取视距丝和中丝读数。

4）照准前视标尺的红面，读取中丝读数。

5）旋转望远镜照准后视标尺的红面，读取中丝读数。

使用单排分划的因瓦标尺观测时，对单排分划进行两次照准读数，以代替基辅分划读数。

（3）三等水准测量的外业计算方法　记录者在记录表"三等水准测量记录"中按表头标明顺序（1）～（8），记录各个读数；（9）～（16）为计算结果（表4-6）。

表 4-6　三等水准测量记录

日　　期_____年_____月_____日　时间_____观测者_____

仪器号码_____　天气_____　记录者_____

测站编号	视准点	后尺 上丝 下丝	前尺 上丝 下丝	方向及尺号	水准标尺读数		黑+K-红	备注
		后视距	前视距		黑面	红面		
		视距差	Σ视距差					
		（1）	（5）	后	（3）	（8）	（14）	
		（2）	（6）	前	（4）	（7）	（13）	
		（9）	（10）	后－前	（15）	（16）	（17）	
		（11）	（12）	平均高差	（18）			
				后				
				前				
				后－前				
				平均高差				

计算方法：

后视距（9）$= 100 \times \{(1) - (2)\}$

前视距（10）$= 100 \times \{(4) - (5)\}$

前、后视距差（11）$=$（9）－（10）

前、后视距累积差（12）= 上站（12）+ 本站（11）

红、黑面读数差（13）=（4）+ K －（7），（$K = 4687$mm 或 4787mm）

$\qquad$（14）=（3）+ K －（8）

黑面高差（15）=（3）-（4）

红面高差（16）=（8）-（7）

红、黑面高差之差（17）=（15）-（16）=（14）-（13）

红、黑面平均高差（18）$= \frac{1}{2}\{(15) + [(16) \pm 100\text{mm}]\}$

每站读数结束后，随即进行各项计算（9）~（16），并按表（4-3）进行各项检核，满足规定的限差要求后才能搬站。

依次设站，用相同的方法进行观测，直至路线终点，计算路线高差闭合差并进行检核。

3. 注意事项

1）三等水准测量比普通水准测量有更严格的技术规定，要求达到较高的精度，其关键在于：前、后视距要相等（在限差以内）；从后视转为前视（或相反）时，望远镜不能重新调焦；水准标尺应竖直，最好附有圆水准器的水准标尺。

2）每站观测结束，应立即进行计算和各项规定的检核，若有超限，则应重测该站。全路线观测完毕，路线高差闭合差应在允许值以内，方可结束训练。

3）观测间歇时，最好能在水准点上结束观测。否则，应在最后一站选择两个坚稳可靠、光滑突出、便于放置标尺的固定点作为间歇点。

● 训练2 电子水准仪高差和高程测量

1. 训练目的

掌握使用电子水准仪进行高差和高程测量的方法。

2. 训练步骤

（1）高差测量 高程测量直接得到的是两转点间的高差，其方法如下：

1）按"菜单"键，显示菜单屏幕，选取"Ht – diff"（高差测量），按"回车"键进入高差测量模式，如图 4-40a 所示。

2）将仪器安置于后视和前视立尺点的中间，瞄准后视尺，调焦后按"测量"键，检查显示的观测值。选取"Yes"后按"回车"键，则点号、目标属性（后视 BS 或前视 FS）及观测值（尺上读数 R_h 和仪器至尺子的平距 H_d）均被储存，并显示内存中已储存和还可储存的数据数量，屏幕显示如图 4-40b、c 所示。

3）瞄准前视尺，调焦后按"测量"键，仪器计算出高差 ΔH，将结果显示于屏幕上（图 4-40d），并将观测和计算数据储存。

（2）高程测量 高程测量直接得到的是前视点的高程，其方法如下：

1）已知地面上 A 点的高程 H_A，需测定 B 点的高程 H_B，则将仪器安置于 A、B 两点之间，在菜单模式下选取"Elev."（高程测量），按"回车"键后进入高程测量模式，屏幕显示如图 4-41a 所示。

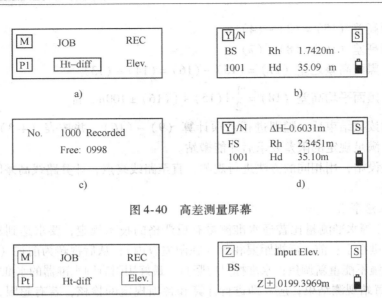

图 4-40　高差测量屏幕

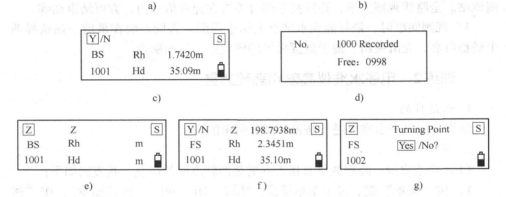

图 4-41　高程测量屏幕

2）提示输入后视点的高程，其方法如下：用"向下光标移动"键改变光标处的正、负号或增大数值，用"向右光标移动"键将光标移至下一位，直至得到已知点高程值；然后按"回车"键将高程值输入内存，屏幕显示如图 4-41b 所示。

3）瞄准后视尺，调焦后按"测量"键，检查显示的观测值，选取"Yes"后按"回车"键，仪器记录观测数据并显示已记录和还可记录的数据数，如图 4-41c、d 所示。

4）瞄准前视尺，调焦后按"测量"键，仪器计算前视点的高程（Z）并显示观测结果，选取"Yes"后按"回车"键，仪器记录观测和计算结果如图 4-41e、f 所示。

5）按"菜单"键，屏幕提示"是否移动测站?"，如图 4-41g 所示。如果是，选择"Yes"后按"回车"键，则前视点作为转点，其高程作为转点的高程。移站后可继续进行高程测量。

• 训练 3 电子水准仪进行三等水准测量

1. 训练目的

1）掌握使用电子水准仪进行三等水准测量的方法。

2）熟悉三等水准测量的主要技术指标。

2. 训练步骤

1）选定一条闭合水准路线，视线长度约为 50m。

2）三等水准测量的技术要求见表 4-7。

表 4-7 三等水准测量的技术要求

视线长度	前、后视距差	前、后视距累积差	两次高差之差	高差闭合差	重复测量次数
≤65m	≤3.0m	≤6.0m	≤3.0mm	$\leqslant \pm 20\sqrt{L}$	≥3

注：L 为水准路线总长，单位为 km。

3）操作步骤。具体操作步骤参照本章第四节中相关介绍。

3. 注意事项

1）测量中，当有太阳光或过强光线直接照射进入目镜时，可能会出现"Measurement error"或"Too bright"等错误信息，使测量无法进行。此时，可用身体挡住来光或用手护住目镜便可重新开始测量。

2）仪器在测量中受到较大振动或撞击时，可能会使测量无法进行。此时，应将仪器移至较稳定的地方再继续测量。

复习思考题

1. 用水准仪测量 A、B 两点的高差，A 尺上读数为 1.464m，B 尺上读数为 1.253m。已知 A 点高程为 10.824m，问 B 点的高程为多少?

2. 水准仪由哪些部分组成? 各起什么作用?

3. 什么是视差? 视差是如何产生的? 怎么消除视差?

4. 什么叫望远镜的放大率? DS$_3$ 型水准仪望远镜的放大率为多少?

5. 叙述三等水准测量中的各项具体要求及有关限差。

6. 水准仪的轴线应满足的关系有哪些?

7. 在表 4-8 中进行附合水准路线测量成果整理。

表 4-8　附合水准路线测量成果计算

点号	路线长度 L/km	观测高差 h_i/m	高差改正数 v_{hi}/m	改正后高差 h'_i/m	高　程 H/m	备注
A					7.967	已知
	1.5	+4.362				
1						
	0.6	+2.413				
2						
	0.8	−3.121				
3						
	1.0	+1.263				
4						
	1.2	+2.716				
5						
	1.6	−3.715				
B					11.819	已知
Σ						

$$f_h = \sum h_{\text{测}} - (H_B - H_A) = \qquad\qquad f_{h容} = \pm 40\sqrt{L} =$$

$$v_{1\text{km}} = -\frac{f_h}{\sum L} =$$

第 五 章

角 度 测 量

◈◈◈ 第一节 高精度全站仪工作原理与使用

一、高精度全站仪概述

全站仪，即全站型电子速测仪，是一种集光、机、电为一体的高技术测量仪器，是集水平角、垂直角、距离（斜距、平距）测量功能于一体的测量仪器系统。全站仪一般由光电测距仪、电子经纬仪和数据处理系统三部分组成。

全站仪与光学经纬仪相比，将光学度盘换为光电扫描度盘，将人工光学测微读数换为自动记录和显示读数，使测角操作简单化，且可避免产生读数误差。它的自动记录、储存、计算功能，以及数据通信功能，进一步提高了测量作业的自动化程度。全站仪的水平度盘和竖直度盘（以及它们的读数装置）是分别采用两个相同的光栅度盘（或编码盘）与读数传感器进行角度测量的，根据测角精度可分为0.5″、1″、2″、3″、5″等几个等级。全站仪采用了光电扫描测角系统，其类型主要有编码盘测角系统、光栅盘测角系统及动态（光栅盘）测角系统等三种。

随着计算机技术的不断发展与应用，以及用户的特殊要求与其他工业技术的应用，高精度全站仪的测角精度（一测回方向标准偏差）可达±0.5″，测距精度达 $1mm + 1 \times 10^{-6} \times D$ mm。利用智能自主式目标自动识别与跟踪（ATR）功能，白天和黑夜都可以工作，既可人工操作，也可自动操作；既可远距离遥控运行，也可在机载应用程序的控制下使用。高精度全站仪在精密工程测量、变形监测等领域应用广泛。

不同厂家生产的不同类型及系列的全站仪，其最大测程和距离测量误差均有较大变化，但测量的基本原理一致。

二、TCA2003 全站仪的使用

1. TCA2003 全站仪的基本性能

TCA2003 全站仪（图 5-1）广泛应用于变形监测等精密工程测量中，对测距、测角有严格的要求，角度测量精度为 0.5″，最小显示单位为 0.1″；距离测量精度为 $1mm + 1 \times 10^{-6} \times D$ mm，最小显示单位为 0.01mm。

TCA2003 全站仪的系统集成程序有测站、目标偏置、人工输入坐标和边长投影计算；标配机载程序有定向与高程传递、后方交会、放样、对边测量和变形监测；可选机载程序有自由设站、悬高测量、隐蔽点测量、参考线、局部后方交会、道路放样、多测回测角等。

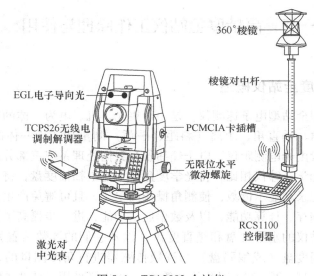

图 5-1　TCA2003 全站仪

2. TCA2003 全站仪的特点

带有 ATR 功能的 TCA2003 全站仪有以下优点：

1）ATR 功能帮助搜索目标，使得在夜间也可以继续工作，效率更高。

2）ATR 功能减少了每次测量的时间，几秒钟可完成施测，可使用常规的棱镜。

3）TCA2003 全站仪的 Monitoring 机载监测程序，可以按自定义的时间间隔自动重复观测多达 50 个目标点。

4）在 SurveyOffice 软件支持下，测得的数据能够流畅的传输到指定程序中。

5）选配的 EGL1 电子导向光可让持镜者迅速找到自己的位置。

3. 功能键介绍

（1）"aF..."功能键　快速调整常用功能。按"FNC"功能键进入如图5-2

所示界面，它可以快速调用一些仪器的常用功能，当仪器处于其他功能状态下，不退出该功能，可以随时调用 FNC 功能，使得功能调用相当灵活。

图 5-2 FNC 功能界面

1）ATR 自动目标识别开关。操作：按"aF..."功能键→再按"F1"（ATR）键。

2）用户模板设置。操作：按"aF..."功能键→选择菜单 1（User template&files）进入用户模板（图 5-3）。

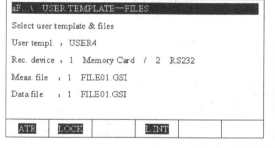

图 5-3 用户模板界面

3）EDM 测距模式选择。操作：按"aF..."功能键→选择菜单 2（EDM measuring program）进入如图 5-4 所示界面。

图 5-4 测距模式界面

4）补偿器开关及水平角改正（全设为"ON"）。操作：按"aF..."功能键→选择菜单3（compensator/Hz – corrections）进入如图5-5所示界面。

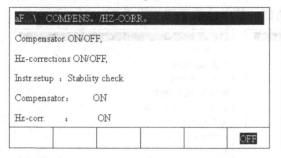

图5-5　补偿器开关及水平角改正界面

5）垂直角显示方式。操作：按"aF…"功能键→选择菜单6（V – Angle display），其中（zenith angle）表示天顶距的水平方向为90°；（elev. Angle + ／ –）表示高度角的水平方向为0°（仰角为正）；（elev. Angle%）表示坡度角的水平方向为0，向上为正坡度（3%）。

6）电源设置。操作：按"aF…"功能键→选择菜单7（Power off，Sleep），其中（sleep after）表示休眠；（auto – off after）表示自动关机；（remains on）表示全站仪一直打开。

7）锁定目标。操作：按"aF…"功能键→再按"F2"（LOCK）键。

（2）按 键进入照明及加热选择界面　照明及加热选择界面如图5-6所示。

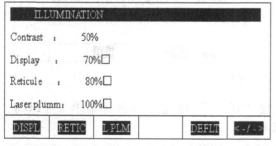

图5-6　照明及加热选择界面

1）显示屏照明：按"F1"（DISPL）键则打开显示屏照明，这时按"F6"键调整亮度。

2）十字丝照明：按"F2"（RETIC）键则打开或关闭十字丝照明，这时按"F6"键调整亮度。

3）打开激光对点：按"F3"（L PLM）键则打开或关闭激光对点器，这时按"F6"键调整亮度。

（3）"F"功能键 开机后主菜单如图5-7所示。

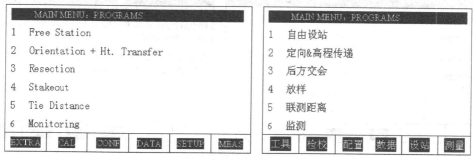

图5-7 主菜单界面

1）F1——"EXTRA"（外部工具）键，可以用来打开GeoCOM通信（Geo-COM On – Line mode）；格式化PC卡（Format memory card）；遥控控制开关（Remote control mode on/off）。

2）F2——"CAL"（仪器检校）键，用来检校各项误差，具体功能在本章第四节介绍。

3）F3——"CONF"（仪器配置）键，用来配置系统时间、通信参数等。

4）F4——"DATA"（数据的输入和浏览）键，用于输入数据（INPUT）、搜索数据（SEARC）与删除数据（DEL）。

5）F5——"SETUP"（测站设置）键，功能有：用后视已知点设置测站，用水平角Hz0（方位角）设置测站。

6）F6——"MEAS"（测量）键，可直接进入测量状态，用于测量记录等。

4. TCA2003全站仪使用

（1）测站设置 开机后在主菜单下，按"F5"（SETUP）功能键进入测站设置，如图5-8、图5-9、图5-10所示。

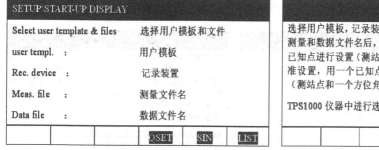

图5-8 测站设置界面

测站点、后视点及仪器高、棱镜高均输入后，按"CONT"或"F3"（REC）

SETUP:	STATION DATA	
Station no	:	测站点号
Inst .Height	:	仪器高
Stn. Easting	:	测站点东坐标
Stn.Northng	:	测站点北坐标
Stn.Elev.	:	测站点高程
Hz	:	水平角

| | | REC | Hz0 | IMPOR | EDIT |

测站数据

输入测站点号和仪器高，并输入该点的坐标数据，瞄准后视点，再按F4（Hz0）输入后视方位角，再按CONT确认即可。

如果输入的点号已经在数据文件中，可以按 F5（IMPOR）从文件中调出并显示。

| 记录 | 归零 | 输入 | 编辑 |

图5-9 标准设置界面

SETUP:	1-PT	ORIENTATION
Station no	:	测站点号
Backsight	:	后视点号
Inst .Height	:	仪器高
Refl. Height	:	棱镜高
△Hz-Dist	:	距离差值

| ALL | DIST | REC | | INPUT | aNUM |

测站数据

要求输入的点均为已知点并在数据文件中，如果数据文件中没有该点的坐标，请按 F5（INPUT）进行手工输入坐标。

距离差值只有测量后才会显示。

第2功能键Shift+F4(I<>II)变换度盘

第2功能键Shift+F5(VIEW)显示该点坐标

| 测存 | 测距 | 记录 | —— | 输入 | 字符 |

图5-10 快速设置界面

键两次即完成测站设置。

设置测站的目的是使得全站仪的水平度盘处于坐标系中，即水平度盘的零刻度方向正好是坐标系统的零方向，所以设置测站实际上是配置全站仪的水平度盘和确定测站点坐标。

（2）常规测量

1）开机后进行测站设置，按"F6"（MEAS）键进入常规测量界面，如图5-11所示。

MEAS:	MEASURE MODE	（GSI）
Station no	:	测站点号
Remark 1	:	后视点号
Refl. Height	:	棱镜高
Hz	:	水平角
V	:	垂直角
Horiz.Dist.	:	水平距离

| ALL | DIST | REC | TARGT | Hz0 | |

测量模式

输入欲测量的点号和棱镜高后，瞄准目标即可进行测量，ALL 是测量并记录，DIST 是只测量不记录，REC 只记录，界面显示是根据仪器默认显示格式或你所定义的显示格式显示的，不同的定义界面显示是不一样的。F4（TARGT）对目标点设置，F5（Hz0）对水平度盘进行设置。

Shift+F4(I<>II)变换度盘，Shift+F6(PROG)进入其它应用程序，Shift+F3(L Pt.)独立点号。

| 测存 | 测距 | 记录 | 目标 | 归零 |

图5-11 常规测量界面

2）F4（TARGT）测量模式设置目标点如图5-12所示。

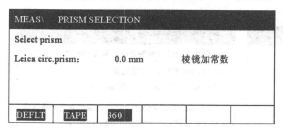

图5-12　目标点设置界面

3）棱镜类型选择界面如图5-13所示。

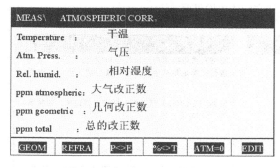

图5-13　棱镜选择界面

4）PPM设置界面如图5-14所示。

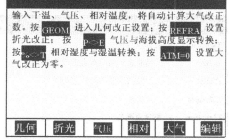

图5-14　PPM设置界面

目标点设置好后回到测量界面进行测量工作。

（3）放样（Stakeout）　在进入放样软件之前，必须先在主菜单中按"F5"（SETUP）键进行测站设置，完成测站设置后进入放样，如图5-15所示。

如果文件中有A2这个放样点，按"F5"（SEARC）键搜索后即进入放样界

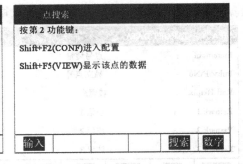

图 5-15　放样界面

面；如果没有，则按"F1"（INPUT）键进行手工输入。放样方法不同，界面不同测量人员可根据需要选择合适的放样方法。直线支距法放样界面如图 5-16 所示，极坐标放样界面如图 5-17 所示。

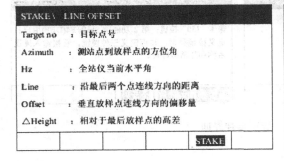

图 5-16　直线支距法放样界面

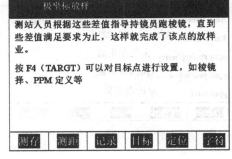

图 5-17　极坐标放样界面

（4）自由设站　自由设站程序最多可以对 10 个目标点的观测值计算测站点的三维坐标。为了同时确定测站点的高程，仪器高、棱镜高及照准点的高程必须已知且要先输入仪器内。该程序允许进行单面和双面测量模式，为了确定测站点的三维坐标，最少要确定三个要素（测定两个角和一个距离）。

首先进入"自由设站"，输入测站点号和仪器高（图5-18），按"conf"键进入目标点的设定，可以输入也可以从列表中选择，最多10个点。接着进入自由设站的测量模式（图5-19），测量测站与目标点的距离、角度等。测量足够的观测值后，进行"CALC"计算。

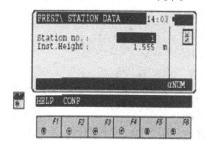

图5-18　自由设站测站点设定

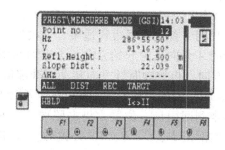

图5-19　自由设站测量模式

最后能得到测站点的三维坐标和定向值，以及相应的标准偏差。该程序还有略图功能，"PLOT"可以绘制出测量布局的略图。

◈◈◈ 第二节　全圆测回法精密测量水平角

一、精密测角一般原则

为最大限度减弱或消除各种误差的影响，精密测量角度应遵循以下原则：

1）观测应在目标成像清晰、稳定的有利时间进行，以提高照准精度。

2）观测前调好焦距，在一测回的观测过程中不再重新调焦，以免引起视准轴变动。

3）各测回的起始方向均匀分配在水平度盘的不同位置上。

4）选择合适的测角仪器，采用恰当的观测方法和谨慎的操作态度来提高观测质量。用盘左、盘右来进行一测回的观测；仪器的转动应平稳、匀称，找准目标时，按规定方向旋转。

5）半测回中照准部的旋转方向应保持不变。若照准部已转过所照准的目标，应按转动方向再转一周，重新照准，不得反向转动照准部。上、下半测回观测前，应将照准部按将转动的方向先转1～2周。

6）观测过程中应注意保持照准部管水准气泡居中，每个照准方向应记录管水准气泡偏离值并进行倾斜改正。在测回间应重新整平仪器。

二、全圆测回法精密测量水平角

全圆测回法是在一个测回中将测站上所有要观测的方向逐一照准进行观测，在水平度盘上读数，得出各方向的方向观测值，再由两个方向观测值得到相应的水平角。

如图5-20所示，有 A、B、C、D 四个方向要观测，首先选择边长适中、通视良好、成像清晰的 A 方向作为起始方向，上半测回用盘左照准 A 方向，再按顺时针方向转动照准部依次照准 B、C、D，再闭合到 A，并分别在水平读盘上读数。下半测回用盘右位置，仍先照准 A，逆时针方向依次照准 D、C、B、A，并读数。具体操作流程见《测量放线工（中级）》中第七章。

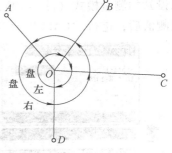

图5-20　全圆测回法测量水平角

三、全圆测回法精密测水平角的限差和计算

1）全圆测回法精密测水平角限差见表5-1，全圆测回法观测测回数见表5-2。

表5-1　全圆测回法精密测水平角限差

仪器	半测回归零差/（″）	一测回内2c互差/（″）	同一方向值各测回互差/（″）
0.5″仪器	4	8	4
1″仪器	6	9	6
2″仪器	8	13	9

表5-2　全圆测回法观测测回数

等级	等级测角控制网			导线网		
	0.5″仪器	1″仪器	2″仪器	0.5″仪器	1″仪器	2″仪器
一	15	—	—	20	—	—
二	9	18	—	15	—	—
三	6	12	15	6	15	20
四	2	5	7	—	6	9

表5-1中，$2c = L - (R \pm 180°)$，其中 L 为盘左读数，R 为盘右读数。当盘右读数大于180°时取负号，反之取正号。

$2c$ 值是观测成果中一个限差规定的项目，但它不是以 $2c$ 的绝对值的大小作为是否超限的标准，而是以各个方向 $2c$ 的变化值（最大值与最小值之差）作为是否超限的判断标准。

2）方向观测法的限差和计算。先计算各方向的平均读数，再计算各方向归零后的方向值，最后计算各测回归零方向值的平均值。具体计算同《测量放线工（中级）》中第七章。

四、观测成果的重测和取舍

1）凡是超限的结果，均应进行重测。因对错度盘、测错方向、读错记错、碰动仪器、管水准气泡偏离过大、上半测回归零差超限，以及其他原因未测完的测回都可以立即重新观测，不算重测次数。

2）一测回中 $2c$ 互差超限或化归为同一起始方向后，同一方向值各测回互差超限时，应重测超限方向并联测零方向。因测回互差超限时，除明显值外，原则上应重测观测结果中最大值和最小值的测回。

3）一测回中超限的方向数大于测站上方向总数的三分之一时（包括观测 3 个方向时有 1 个方向重测），应重测整个测回。

4）若零方向的 $2c$ 超限或下半测回的归零差超限，应重测整个测回。

5）在一个测站上重测的方向测回数超过测站上方向测回总数的三分之一时，需要重测全部测回。

6）方向观测法重测数的计算方法：在基本测回观测结果中，重测 1 个方向，算作 1 个重测方向测回；因零方向超限而全测回重测，算作（$n-1$）个重测方向测回。方向观测一测回中，重测方向数超过所测方向总数的三分之一，此一测回须全部重测，重测数计算时，仍按超限方向数计算。测站上方向测回总数 = （$n-1$）m，其中 n 为该站方向总数，m 为测回数。

若重测成果与原测成果接近，说明在该条件下原测结果并无大错，这时应考虑误差可能在其他方面，不宜多次重测原超限方向。

五、测站平差

（1）各方向测站平差值的计算　取各测回归零方向值的平均值，即得到各方向的最或是值。

（2）一测回方向观测中误差

$$u = \pm K \frac{\sum |v|}{n} \tag{5-1}$$

式中　$K = \dfrac{1.253}{\sqrt{m\,(m-1)}}$；

m——测回数；

n——观测方向数；

v——各测回方向观测值与最后结果的差数。

（3）m 个测回方向值中误差

$$M = \pm \frac{\mu}{\sqrt{m}} \tag{5-2}$$

六、方向观测值的改化

1. 归心改正

将测站平差（一般为各测回方向平均值）后的方向值加入测站点和照准点的归心改正数（c''、r''），便得到归化到标石中心的方向值。其计算公式如下

$$c'' = \frac{e_y}{s}\rho''\sin\ (M + \theta_y) \tag{5-3}$$

式中　$M = N_{ij} - N_{io}$。

$$r'' = \frac{e_T}{s}\rho''\sin\ (M_1 + \theta_T) \tag{5-4}$$

式中　$M_1 = N_{ji} - N_{jo}$。

e_y、θ_y 和 e_T、θ_T 分别是测站点和照准点的归心元素值（归心元素值的测定请参见相关参考书）。N_{ij} 和 N_{ji} 表示测站和照准点上相对的方向值，而 N_{io} 和 N_{jo} 是该两点上归心零方向的方向值（通常 N_{io} 和 N_{jo} 为零，即观测零方向与归心零方向一致），s 为测站点至照准点的距离。计算时注意测站点归心元素、照准点归心元素和方向值 M 的正确取用。

2. 方向改化

将经过归心改正后的方向观测值归化到椭球面上，然后再归化到高斯投影平面，这就是方向的改化。然而，对于三、四等平面控制网或工程测量控制网，一般只是将经过归心后的方向值改化到高斯投影平面上即可，其改化公式为

三、四等网

$$\delta_{ik} = -\delta_{ki} = \frac{1}{2}f_m\ (x_i - x_k)\ (y_i + y_k) \tag{5-5}$$

二等网

$$\delta_{ik} = -\delta_{ki} = \frac{1}{3}f_m\ (x_i - x_k)\ (2y_i + y_k) \tag{5-6}$$

式中　$f_m = \dfrac{\rho''}{2R_m^2}$；

R_m——测区平均曲率半径。

方向改正数计算经三角形球面角超检核无误后，和归心改正数一并填入表中，最终获得高斯投影平面上的方向值。

◇◇◇ 第三节　精密测设水平角

已知水平角的测设，就是在已知点上，根据另一已知方向标定出所需方向，使两方向的水平夹角等于已知角值。测设方法如下：

一、初测

当测设水平角的精度要求不高时，可用盘左、盘右取中的方法测设，如图5-21所示。设地面已知方向 AB，A 为角顶，β 为已知角值，AC 为要确定的方向线。为此，在 A 点安置经纬仪，对中、整平，用盘左位置照准 B 点，调节水平度盘位置变换手轮，使水平度盘读数为 $0°00'00''$；转动照准部使水平度盘读数为 β 值，按视线方向定出 C' 点；然后用盘右位置重复上述步骤，定出 C'' 点，取 $C'C''$ 连线的中点 C，则 AC 即为测设已知角值为 β 的另一方向线，$\angle BAC$ 即为测设的 β 角。

二、精调

当测设水平角的精度要求较高时，可先用一般方法按已知角值测设出 AC 方向线（图5-22）；然后对 $\angle BAC$ 进行多测回水平角观测，其观测值平均值为 β'。则 $\Delta\beta = \beta - \beta'$，根据 $\Delta\beta$ 及 AC 边的长度 D_{AC}，可以按下式计算垂距 CC_0

$$CC_0 = D_{AC}\tan\Delta\beta \approx D_{AC} \cdot \frac{\Delta\beta''}{\rho''}$$

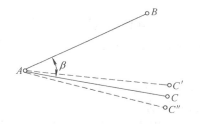

图5-21　一般测设水平角

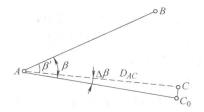

图5-22　精确测设水平角

从 C 点起沿 AC 边的垂直方向量出垂距 CC_0，定出 C_0 点，则 AC_0 即为测设已知角值为 β 的另一方向线。必须注意，从 C 点起向什么方向（向外还是向内）量垂距，要根据 $\Delta\beta$ 的正、负号来决定。若 $\beta' < \beta$，即 $\Delta\beta$ 为正值，则从 C 点向外量垂距，反之则向内改正。

三、检测

确定 C 点后，再在 A 点设站，观测 $\angle BAC$ 是否为所需测设水平角值，其观测值和设计值较差应小于规范规定的数值。

◇◇◇ 第四节　全站仪与棱镜检校

一、全站仪检校

1. 全站仪保养

1）仪器必须装箱运输，防止受剧烈振动。

2）仪器不宜受潮，并应放置于温度在 −40~70℃ 的干燥环境中。

3）保持目镜和物镜的清洁。

4）电池应在 0~20℃ 环境中保存，且充电器不能在潮湿环境中使用。

5）雷雨天气不能进行野外测量（可能遭受雷击），仪器不可长时间在雨中工作。

6）不能使用望远镜对准太阳，激光不能直接照射人眼。

7）操作人员不能离开仪器，随时注意周围环境，防止意外事故发生。

8）避免在强磁场环境作业（电磁干扰可能降低测量精度）。

9）定期对仪器进行调试和检校。

2. TCA2003 全站仪检校

仪器检校是提高测量成果精度的一项重要工作，其作用是检查仪器的轴系误差，并在测量中进行补偿改正。注意要在精确整平仪器，保证仪器稳定后，才可以进行检校工作。

机械误差可随时间和温度而变化，所以在下列情况下应重新检校：长途运输后；长期工作后；温度变化大于 20℃ 或是精密测量前。

检校时要大胆、严格、细致、自信。检校不会损伤仪器的物理性能，遇到需检校的情况时就应检校；要按照检校的要求条件进行检校；检校结果直接作用于测量数据，瞄准要细心；细致完成检校过程后，要自信地接受检校结果。

1）需要检测的机械误差：双轴补偿纵横向指标差（l, t）；垂直编码度盘指标差（i）；水平视准差（c）；水平轴倾斜误差（a）；自动目标识别的瞄准误差（ATR）。

2）校验步骤

① 在系统主菜单里按"CAL"（F2）键激活该功能（图 5-23）。

图 5-23 中，F1（l, t）表示测定补偿器指标差，同时调整电子管水准气泡；F2（i）表示测定垂直度盘指标差；F3（c/a）表示测定视准轴误差和水平轴倾斜误差；F4（$i/c/a$）表示测定垂直度盘指标差、视准轴误差和水平轴倾斜误差；F5（ATR）表示测定 ATR 自动目标识别的瞄准差。

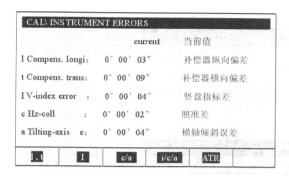

图 5-23 仪器检校界面

测定完成后，误差结果显示在屏幕的右边，并可预置在仪器内。电子管水准气泡在一个方向精确整平后，应该在其他任何方向均居中，如果不居中，只要对 (l, t) 检校几次即可〔(l, t) 是电子管水准气泡自身检查的功能〕。在高精度测量中，应在每个测站均对电子管水准气泡进行检查，以保证成果的高质量、高精度。

② 进入 F1 (l, t) 补偿器纵横向误差检校（图 5-24）。在测定补偿器指标差之前，须先将仪器取出放置一会儿，使之与外界环境温度达到平衡，同时避免热源对仪器单面的影响。仪器的纵横向指标差在出厂前已经测定并且设置为零。

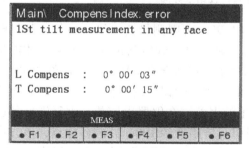

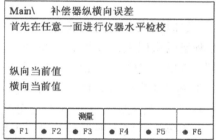

图 5-24 补偿器纵横向误差检校界面

按"MEAS"（F3）键开始纵横补偿器指标差 (l, t) 的测定，此时如果仪器不稳固，其值将不能测定，仪器显示 557 号错误信息。测量后会询问是否接受新结果，此时 RETRY（F1）表示重新进行测定；NO（F3）表示不更改原来的测定值；YES（F5）表示用新值代替原值并保存；如果测定的指标差大于 54′，需进行重新测定。

③ 进入 F2 (i) 指标差检校（图 5-25）。按"F3"（MEAS）键即进行该项误差的测量，仪器将自动转动到另外一面，精确瞄准同一个目标，瞄准后按"F3"（MEAS）键进行测量，测量完成后即显示指标差检校结果界面（图 5-

26）。

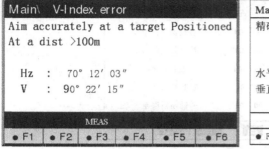

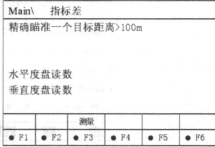

图 5-25　指标差检校界面

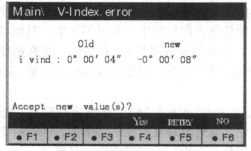

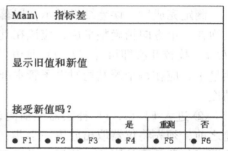

图 5-26　指标差检校结果界面

　　测量时视准轴的俯角或仰角必须小于 9°，否则测量会出错。另外，测量时最好测量两次以上，以检验测量值是否正确，只有确定新值是正确值时才能按"F4"（YES）键接受新值，在以后的测量中，仪器会自动用该值进行角度改正。

　　④进入 F3（c/a）同时进行照准差和横轴倾斜误差的检校（图 5-27）。水平视准差（c）是视线与水平轴不正交产生的误差，在仪器出厂前，水平视准差已被调整为零。测定水平视准差时，先用望远镜瞄准约 100m 处的目标点，该方向与水平方向的倾角不大于 ±9°。只有当改正功能为"ON"时，水平视准差才会得到改正，按"aF..."键可选择改正开关。

　　同指标差检验，两面都检验后显示结果，判断是否接受结果。若接受新值，则提示你进入横轴倾斜误差的检校，接下来选择确认是否真的要进入横轴倾斜误差的检校，如果是则按"F4"（YES）键。

　　水平轴倾斜误差（a）是水平轴与垂直轴不正交所引起的，仪器出厂前已将该值调整为零。特别注意的是检校横轴倾斜误差时视准轴的俯角或仰角必须大于 27°，否则无法检校，检校方法与指标差和照准差一样。

　　⑤F4（$i/c/a$）同时进行指标差/照准差/横轴倾斜误差的检校，一项一项地完成这三个误差的检校，测量方法同上所述。

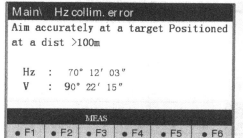
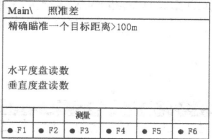

图 5-27 照准差检校界面

在测定过程中，垂直度盘指标差和水平视准差的测定可以用同一个目标，即倾斜角小于 ±9°；对于水平轴倾斜误差的测定则须采用垂直角大于 ±27° 的目标点。

⑥ 进入 F5（ATR）自动目标识别 ATR 功能检校（图 5-28）。ATR 瞄准差指的是视准线和 CCD 相机阵列中心轴线在水平和垂直方向的偏差，测定内容还包括视准差和垂直指标差。该项检校必须使用棱镜。

进入测定 ATR 瞄准差界面后，ATR 功能自动开启，并显示当前 ATR 在水平方向和垂直方向的改正值。

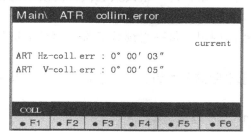
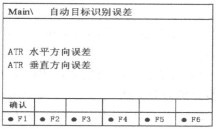

图 5-28 ATR 检校界面

按 "COLL"（F1）键进入测定界面（图 5-29）。如果想同时检校照准差 c 和指标差 i，则选择 "YES" 选项，仪器在检校完 ATR 后，并接受 ATR 新值，仪器将提示进行照准差 c 和指标差 i 的检校，检校方法如前所述。如果 ATR 的水平或垂直瞄准差超出 2′42″，需重新进行测定。

二、棱镜检校

1. 棱镜的作用

在利用反射棱镜（或者反射片）作为反射物进行测距时，反射棱镜接收全站仪发出的光信号，并将其反射回去。全站仪发出光信号，并接收从反射棱镜反射回来的光信号，计算光信号的相位移等，从而间接求得光通过的时间，最后测出全站仪到反射棱镜的距离。

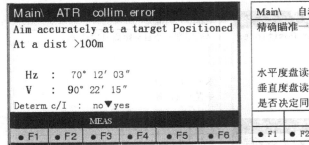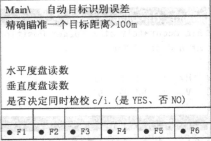

图 5-29　判断是否同时测定 c/i 界面

2. 棱镜常数测定

用全站仪测量仪器到反射棱镜之间的距离时，光通过玻璃时的速度比通过空气时要小，仪器根据测量显示的距离与实际距离相差一个常数，通常将这个常数称为棱镜常数。棱镜常数一般已在生产厂家所附的说明书上或棱镜上标出，供测距时使用。当使用和全站仪不配套的反射棱镜时，务必首先确定其棱镜常数。

全站仪棱镜常数的测定方法为三站法，其过程如下：

1）在较为平坦的地面选择三点 A、B、C，并使其间距大致相同。

2）在 A 点设站测量 AC 间的水平距离两组，每一组读数五次，两组平均数为 D_{AC}。

3）在 C 点设站测量 CA 间的水平距离两组，每一组读数五次，两组平均数为 D_{CA}。

4）在 B 点设站测量 BC、BA 间的水平距离各两组，每一组读数五次，其平均数分别为 D_{BC} 和 D_{BA}。

5）$\Delta = \left[D_{BA} + D_{BC} - \left(D_{AC} + D_{CA} \right) /2 \right] /2$。

6）棱镜常数 $c = -\Delta$。

注意，假如在测量时徕卡全站仪的内置棱镜常数为 34.4mm，此时测量距离应加上棱镜常数 $(c - 34.4\text{mm})$。

◈◈◈ 第五节　角度测量技能训练

● 训练 1　TCA2003 全站仪认识与使用

1. 训练目的

1）了解 TCA2003 全站仪的构造。

2）熟悉 TCA2003 全站仪的操作界面及作用。

3）掌握 TCA2003 全站仪的基本使用。

2. 训练要求和准备

1）准备 TCA2003 全站仪一台，棱镜两个。

2）熟悉书本中关于全站仪界面、功能的介绍。

3. 训练步骤

1）认识 TCA2003 全站仪，学习 TCA2003 全站仪的技术指标。

2）TCA2003 全站仪的使用。

3）测量前的准备工作：

① 电池的安装（测量前电池需充足电）。

② 仪器的安置（在试验场地选择一点作为测站，另外两点作为观测点；将全站仪安置于对应点上，对中、整平；在两点分别安置棱镜）。

4）TCA2003 全站仪界面认识。开机后认识并熟悉全站仪的操作界面。

5）TCA2003 全站仪参数设置。进入参数设置界面，设置参数。

6）TCA2003 全站仪 EDM 测距。操作：按"aF..."功能键，选择菜单"2"（EDM measuring program）进入 EDM 测距模式，进行测距。

7）TCA2003 全站仪常规测量：

① 按"F5"（SETUP）功能键进入测站设置，进行测站设置，设置成功后退出。

② 按"F6"（MEAS）功能键进入常规测量界面。

③ 按"F4"（TARGT）功能键进入测量模式设置目标点。

④ 设置完成后，退到测量界面，进行测量，并保存记录。

4. 注意事项

1）运输仪器时，应采用原装的包装箱运输、搬动。

2）近距离将仪器和脚架一起搬动时，应保持仪器竖直向上。

3）拔出插头之前应先关机。在测量过程中，若拔出插头，则可能丢失数据。

4）换电池前必须关机。

5）仪器只能存放在干燥的室内。充电时，周围温度应在 10～30℃之间。

6）全站仪是精密、贵重的测量仪器，要防日晒、防雨淋、防碰撞振动。严禁仪器直接照准太阳。

● 训练2 全圆测回法精密观测水平角

1. 训练目的

1）掌握全圆测回法观测水平角的操作顺序及记录、计算方法。

2）弄清归零、归零差、归零方向值、$2c$ 变化值的概念。

2. 训练要求和准备

1）在每个半测回中，起始方向首末两次读数之差（即归零差）≤18″。

2）同一方向值各测回互差≤24″。

3）准备经纬仪、三脚架、手簿。

3. 训练步骤

1）在指定的地面点安置仪器。在测站周围确定 4 个目标。

2）进行对中，整平并配置度盘起始读数。观测两个测回。

3）盘左：瞄准起始方向目标读数，顺时针方向依次瞄准各方向目标读数，转回至起始方向仍瞄准目标读数。检查归零差是否超限。

4）盘右：瞄准起始方向目标读数，逆时针方向依次瞄准各方向目标读数，转回至起始方向仍瞄准目标读数。检查归零差是否超限。

5）计算：同一方向两倍照差 $2c$ ＝盘左读数 － 盘右读数 ±180°；各方向的读数平均值 ＝1/2（盘左读数 + 盘右读数 ±180°）；归零后的方向值。

6）测完各测回后，计算各测回同一方向的平均值，并检查同一方向值各测回互差是否超限。计算水平角。

7）若有超限情况需进行取舍与重测。

4. 注意事项

1）应选择距离适中，易于瞄准的清晰目标作为起始方向。

2）两人观测时，所选的方向应相同，以便比较检查。

3）应特别注意，观测过程中，除第一次照准起始目标时用度盘变换手轮配置度盘外，在一个测回中，一概不能转动或触动它。

● 训练3　精密测设水平角

1. 训练目的

掌握测设水平角度的精密方法。

2. 训练要求和准备

1）在平整场地上，以 AB 为已知边，测设已知角 $\angle BAC = \beta$。

2）准备全站仪一台。

3. 训练步骤

1）如图 5-21 所示，在 A 点安置经纬仪，对中、整平，用盘左位置照准 B 点，调节水平度盘位置变换轮，使水平度盘读数为 0°00′00″。

2）转动照准部使水平度盘读数为 β 值，按视线方向定出 C' 点。

3）然后用盘右位置重复上述步骤，定出 C'' 点。

4）取 C' 与 C'' 点连线的中点 C。

5）如图 5-22 所示，用经纬仪对 $\angle BAC$ 进行多测回水平角观测，设其观测

值为 β'。

6）可以按下式计算改正垂距 CC_0

$$\Delta\beta = \beta - \beta' \qquad CC_0 = D_{AC}\tan\Delta\beta = D_{AC}\frac{\Delta\beta''}{\rho''}$$

从 C 点起沿 AC 边的垂直方向量出垂距 CC_0，定出 C_0 点，则 AC_0 即为测设已知角值为 β 的另一方向线。

7）再测量一遍测设出的水平角，检验是否为所需测设的水平角。

4. 注意事项

从 C 点起向什么方向（向外还是向内）量垂距，要根据 $\Delta\beta$ 的正、负号来决定。若 $\beta' < \beta$，即 $\Delta\beta$ 为正值，则从 C 点向外量垂距，反之则向内改正。

复习思考题

1. TCA2003 全站仪的测角精度是多少？

2. TCA2003 全站仪的特点是什么？

3. "aF…" 功能键有哪些功能？

4. TCA2003 全站仪的参数如何设置？

5. 全圆测回法测水平角的步骤有哪些？

6. 如何用一般方法测设已知数值的水平角？

7. 假设 $\Delta\beta = \beta - \beta' = 38''$，$D_{AC} = 150.000\text{m}$，则 CC_0 为多少？

8. TCA2003 全站仪怎么进入检校界面？

9. 全站仪需要检校哪些方面？

10. 棱镜常数如何测定？

第 六 章

距 离 测 量

◆◆◆ 第一节　钢尺量距

在《测量放线工（初级）》第七章中，对钢尺的量距方法、检定及丈量成果整理均进行了系统介绍。本节就钢尺精密量距的几个小问题进行更深一步阐述。

一、悬空丈量检定钢尺沿地面丈量时的改正

钢尺精密量距过程中都应进行尺长、温度改正，因此用于精密量距的钢尺都需要有它自身的尺长方程式，即

$$l = l_0 + \Delta l + l_0 \alpha \ (t - t_0) \tag{6-1}$$

式中　l——钢尺实际长度；

$\quad\ \ l_0$——钢尺名义长度；

$\quad\ \ \Delta l$——尺长改正数；

$\quad\ \ \alpha$——钢尺膨胀系数；

$\quad\ \ t_0$——钢尺检定时标准温度，一般为 20℃；

$\quad\ \ t$——钢尺丈量时的温度。

而建立钢尺的尺长方程式都是悬空丈量检定的结果。在进行不同的量距工作中，有时需要悬空丈量，有时需要沿地面丈量，有时需要垂直丈量，而且丈量的长度也不一样，有长有短。钢尺实际沿地面丈量距离时需要考虑悬空丈量检定，钢尺改正数应加上垂曲改正数，其计算公式为

$$\Delta l' = \Delta l + \frac{w^2 l}{24P^2} \tag{6-2}$$

式中　$\Delta l'$——沿地面丈量时的尺长改正数；

$\quad\ \ \Delta l$——钢尺按悬空丈量检定时的尺长改正数；

$\quad\ \ w$——钢尺的总质量（kg）；

l——钢尺长度（m）；

P——检定时使用的加载（kg）。

二、普通钢尺量距时的限差估算

1. 悬空丈量

采用悬空丈量时的各种误差的允许限差估算公式见表 6-1。

表 6-1 采用悬空丈量时的各种误差的允许限差估算公式

误差种类	限差估算公式
尺长检定误差	$\lambda_{检允} \leqslant \dfrac{1}{KT}$
定线误差	$\lambda_{定允} \leqslant l\sqrt{\dfrac{1}{2KT}}$
拉力变动误差	$\lambda_{P允} \leqslant \dfrac{1}{KT\left(\dfrac{w^2}{12P^3}+\dfrac{1}{EF}\right)}$ 式中 w——尺长的总质量（kg）； 　　　F——钢尺的截面面积（mm^2）； 　　　E——钢尺的弹性模量，取 20000kg/mm^2； 　　　P——钢尺检定时的加载（kg）
温度测定误差	$\lambda_{t允} \leqslant \dfrac{1}{\alpha KT}$ 式中 α——钢尺膨胀系数，一般取 12×10^{-6}
高差测定误差	$\eta_{h允} \leqslant \dfrac{l^2}{h_m KT}\sqrt{\dfrac{L}{l}}$ 式中 h_m——各尺段的平均高差
丈量本身误差	$\eta_允 \leqslant \dfrac{l}{KT}\sqrt{\dfrac{L}{l}}$

表 6-1 中，λ 为系统误差；η 为偶然误差；T 为规定的直线丈量相对误差的分母；l 为每尺段长度；L 为所测线段长度；K 值对于悬空丈量取 $K=3$。

2. 沿地面丈量

当采用沿地面丈量时，增加一个尺的曲折误差估算公式，而拉力变动误差估算公式也有所不同，见表 6-2。

表 6-2 沿地面丈量时的误差估算公式

误差种类	限差估算公式
尺的垂曲、反曲和曲折误差	$\lambda_{曲允} \leqslant l\sqrt{\dfrac{3}{8KT}}$
拉力变动误差	$\lambda_{P允} \leqslant EF\dfrac{1}{KT}$

注：在估算沿地面丈量各项误差时，取 $K=4$。

三、不同长度零尺段的拉力计算

在丈量不是整尺段长度的零尺段时，应改变拉力以保持尺长改正数不变。在这种情况下，不同长度和不同拉力的关系式如下

$$l_i = P_i \sqrt{\frac{24}{w^2 EF} P_i + \left(\frac{l^2}{P^2} - \frac{24P}{w^2 EF}\right)} \tag{6-3}$$

式中　l_i——零尺段长度；

　　P_i——零尺段应施加的拉力；

　　l——整尺段长度；

　　P——整尺段检定时的拉力；

　　w——钢尺每米质量（kg）；

　　F——钢尺的截面面积（mm^2）；

　　E——钢尺的弹性模量，取 $20000kg/mm^2$。

令　　　　　　$\dfrac{24}{w^2 EF} = a$，　　$\dfrac{l^2}{P^2} - \dfrac{24P}{w^2 EF} = b$

则　　　　　　　　　　$l_i = P_i \sqrt{aP_i + b}$ $\tag{6-4}$

例如，有一把 30m 长的钢尺，$w = 0.0156kg$，$F = 1.8mm^2$，$E = 20000kg/mm^2$，$P = 10N$，得

$$a = 2.74,\quad b = -18.40$$

$$l_i = P_i \sqrt{2.74P_i - 18.40}$$

◈◈◈ 第二节　全站仪测距

全站仪由电子经纬仪、光电测距仪和数据记录装置组成。使用全站型电子速测仪（简称全站仪）在测站上观测，必需的观测数据如斜距、天顶距（垂直角）、水平角等均能自动显示，而且几乎是在同一瞬间内得到平距、高差和点的坐标。全站仪测距的原理与光电测距仪的测量原理是一致的。

一、全站仪测距原理

如图 6-1 所示，要测定 A、B 两点间的距离 D，安置仪器于 A 点，安置反射棱镜（简称反光镜）于 B 点。仪器发出的光束由 A 到达 B，经反光镜反射后又返回到仪器。设光速 c（约为 $3 \times 10^8 m/s$）为已知，如果再知道光束在待测距离 D 上往返传播的时间 t，则可由下式求出 D

$$D = \frac{1}{2} ct_{2D} \qquad\qquad (6-5)$$

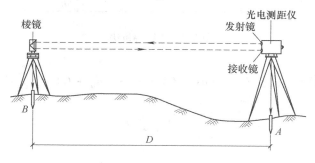

图 6-1 光电测距原理

在《测量放线工（中级）》第八章中已经对全站仪测距的原理进行了更为详细的介绍，在此不再赘述。

二、全站仪常数改正

1. 棱镜常数改正

棱镜是直角光学玻璃锥体，光在玻璃中的折射率为 1.5～1.6，也就是说，光在玻璃中传播要比在空气中慢，因此光在玻璃中传播所用的超量时间会使测量距离增大某一个值，这个增大的值就是棱镜常数。不同生产厂家生产的棱镜，其棱镜常数是不一样的，通常棱镜常数已在生产厂家所附的说明书上或棱镜上标出（有的棱镜上也有标明），供测距时使用。当使用与全站仪不配套的反射棱镜时，务必首先确定其棱镜常数。

2. 仪器的加常数改正

由于仪器的发射面和接收面与仪器中心不一致，反光棱镜的等效反射面与反光棱镜的中心不一致，使得全站仪测出的距离值与实际距离值不一致，进而产生距离改正。将这部分距离改正称为仪器加常数改正，用 ΔD_C 表示。通过将全站仪在标准长度上的检定，可以得到全站仪的加常数 C。全站仪测距的加常数改正值 ΔD_C 与距离无关，即

$$\Delta D_C = C \qquad\qquad (6-6)$$

例如 $C = -8.0\text{mm}$，则 $\Delta D_C = -0.8\text{mm}$。

下面简单介绍用六段解析法测定仪器加常数的基本原理。

六段解析法是一种不需要预先知道测线的精确长度而采用电磁波测距仪本身的测量成果，通过平差计算求定加常数的方法。其基本做法是设置一条直线（其长度大约几百米至一公里左右），将其分为 d_1，d_2，$\cdots$，d_n 等 n 个线段，如图 6-2 所示。

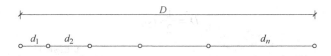

图 6-2　六段解析法

因为 $D + C = (d_1 + C) + (d_2 + C) + \cdots + (d_n + C) = \sum_{i=1}^{n} d_i + nC$

由此得

$$C = \frac{D - \sum_{i=1}^{n} d_i}{n - 1} \qquad (6-7)$$

将式（6-7）微分，换成中误差表达式

$$m_C = \pm \sqrt{\frac{n+1}{(n-1)^2}} \times m_d \qquad (6-8)$$

从估算公式（6-8）可知，分段数 n 的多少，取决于测定 C 的精度要求。一般要求加常数的测定中误差 m_C 应不大于该仪器测距中误差 m_d 的 $1/2$，即 $m_C \leqslant 0.5 m_d$，取 $m_C = 0.5 m_d$ 代入式（6-8），算得 $n = 6.5$，所以应分为 6 ~ 7 段，一般取为 6 段。这就是六段解析法的来历。

至于测定的实际步骤和 C 值的计算方法可以参阅《全站型电子速测仪检定规程》（JJG 100—2003）。

【例】　六段解析法测定全站仪加、乘常数记录见表 6-3。计算原理参见孔祥元等编著的《控制测量学》上册。

表 6-3　六段解析法测定全站仪加、乘常数记录

天气　晴　　温度　15℃　　日期　2012.04.12　　观测者　陈××
成像　清晰　仪器　拓普康 GTS601　编号　645793　记录者　赵××

边名	观测距离/m	近似距离/m	差值/mm	改正后/m	平差值/m	改正数/mm
0 - 1	30. 3498	30. 35	0. 2	30. 3500	30. 3503	0. 2
0 - 2	50. 6615	50. 66	− 1. 5	50. 6617	50. 6619	0. 2
0 - 3	150. 5832	150. 58	− 3. 2	150. 5834	150. 5814	− 2. 0
0 - 4	200. 3695	200. 37	0. 5	200. 3697	200. 3703	0. 7
0 - 5	300. 7432	300. 74	− 3. 2	300. 7434	300. 7413	− 2. 1
0 - 6	495. 5379	495. 54	2. 1	495. 5381	495. 5410	2. 9
1 - 2	20. 3143	20. 31	− 4. 3	20. 3145	20. 3116	− 2. 9
1 - 3	120. 2330	120. 23	− 3. 0	120. 2333	120. 2311	− 2. 2
1 - 4	170. 0152	170. 02	4. 8	170. 0154	170. 0201	4. 7
1 - 5	270. 3865	270. 39	3. 5	270. 3867	270. 3911	4. 4

（续）

边名	观测距离/m	近似距离/m	差值/mm	改正后/m	平差值/m	改正数/mm
1−6	465.1943	465.19	−4.3	465.1945	465.1907	−3.8
2−3	99.9163	99.92	3.7	99.9165	99.9195	2.9
2−4	149.7148	149.71	−4.8	149.7150	149.7084	−6.6
2−5	250.0812	250.08	−1.2	250.0814	250.0794	−1.9
2−6	444.8759	444.88	4.1	444.8761	444.8791	3.0
3−4	49.7876	49.79	2.4	49.7878	49.7890	1.2
3−5	150.1583	150.16	1.7	150.1585	150.1600	1.4
3−6	344.9632	344.96	−3.2	344.9634	344.9596	−3.8
4−5	100.3689	100.37	1.1	100.3691	100.3710	1.9
4−6	295.1725	295.17	−2.5	295.1727	295.1706	−2.0
5−6	194.7957	194.80	4.3	194.7959	194.7997	3.8
计算	$K = 0.212$　$V_{01} = 0.281$　$V_{02} = 1.913$　$V_{03} = 1.384$ $V_{04} = 0.340$　$V_{05} = 1.334$　$V_{06} = 0.989$ $m_d = \sqrt{\dfrac{[VV]}{14}} = 3.69\text{mm}$　$m_K = m_d \sqrt{Q_{11}} = 1.65\text{mm}$					

3. 仪器的乘常数改正

当测定边较长，测定精度要求又较高时，还应考虑仪器乘常数引起的距离改正 ΔD_R

$$\Delta D_R = RD' \tag{6-9}$$

式中　R——测距仪的乘常数系数（mm/km）；

　　　D'——观测距离（km）。

下面说明乘常数的意义。

由相位法测距的原理公式知

$$D = u(N + \Delta N)$$

$$u = \frac{\lambda}{2} = \frac{V}{2f} = \frac{c}{2nf}$$

设 $f_{标}$ 为标准频率，假定无误差；$f_{实}$ 为实际工作频率；令 $f_{实} - f_{标} = \Delta f$，即频率偏差。$u_{标}$ 为 $f_{标}$ 与相应的尺长，即 $u_{标} = \dfrac{c}{2nf_{标}}$；$u_{实}$ 为 $f_{实}$ 与相应的尺长，即 $u_{实} = \dfrac{c}{2nf_{实}}$。于是有

$$u_{标} = \frac{c}{2n\ (f_{实} - \Delta f)} = \frac{c}{2nf_{实}}\left(1 - \frac{\Delta f}{f_{实}}\right)^{-1} \approx \frac{c}{2nf_{实}}\ \left(1 + \frac{\Delta f}{f_{实}}\right)$$

令
$$\frac{\Delta f}{f_{实}} = R$$

则
$$u_{标} = u_{实}\,(1 + R)$$

设用 $u_{标}$ 测得的距离值为 $D_{标}$，用 $u_{实}$ 测得的距离值为 $D_{实}$，则 $D_{标} = D_{实}\,(1 - R)$，而一般常写为 $D_{标} = D_{实}\,(1 + R')$，即 $R = -R'$。由此可知，乘常数就是当频率偏离其标准值时而引起的一个计算改正数的乘系数，也称为比例因子。

4. 气象改正

影响光速的大气折射率 n 为 λ_g（光的波长）、气温 t（温度）、p（气压）的函数。对于某一型号的全站仪，λ_g 为一定值，因此根据距离测量时测定的气温与气压，可以计算距离的气象改正系数 A。距离的气象改正值与距离的长度成正比，因此全站仪的气象改正系数相当于另一个"乘常数"，其单位也取 mm/km，因此可以与仪器的乘常数一起进行改正。距离的气象改正值为

$$\Delta D_A = AD' \tag{6-10}$$

例如某全站仪说明书中给出该仪器的气象改正系数为

$$A = \left(279 - \frac{0.29p}{1 + 0.0037t}\right) \times 10^{-6} \tag{6-11}$$

式中　　p——气压（mPa）；

　　　　t——气温（℃）。

式（6-11）以 $p = 1013\text{mPa}$，$t = 15℃$ 为标准状态，此时 $A = 0$。一般情况下，将 $p = 987\text{mPa}$，$t = 30℃$ 代入式（6-11），得到 $A = 21.4 \times 10^{-6}$；对于斜距 $D' = 800\text{m}$ 的情况，其气象改正值为

$$\Delta D_A = 21.4 \times 10^{-6} \times 800\text{m} = 17\text{mm}$$

随着全站仪技术的发展，以上介绍的各项改正可以直接在仪器的设置菜单中输入有关数值或改正值即可。在全站仪测距时，内置软件可以加上以上改正，从而测得改正后的距离。

三、全站仪测距步骤

1. 仪器设置

全站仪测量距离之前，应该设置好几项参数：测量当时的温度和气压，反射棱镜的类型和常数，距离测量模式。参数设置的方法为：在测量模式屏幕的功能菜单第一页中，按"EDM"功能键，再进行后续的操作。下面以索佳 SOKKIA SET 210 型全站仪为例，具体地介绍使用一台全站仪进行距离测量的操作步骤。

（1）准备　在进行距离测量前先完成以下四项设置：测距模式；反射镜类型；气象改正值；测距（EDM）。

（2）EDM 参数设置　在测量模式第 2 页菜单下按"改正"键进入如图 6-3

所示的参数设置。

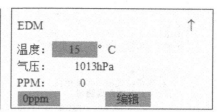

图 6-3 EDM 参数设置

编辑选项：修改光标处的参数。

0ppm 选项：将气象改正设置为"0"，温度和气压值恢复到默认值；气象改正也可以通过输入温度、气压值后仪器自动计算，也可以直接输入"＊＊＊＊ppm"进行设置。

1）参数项的内容及其含义。

测距模式选项：重复精测/平均精测；单次精测/重复精测；单次粗测/跟踪测。

反射类型选项：棱镜/反射片。

棱镜常数选项：−90～99mm。

温度选项：−30～60℃。

气压选项：500～1400hPa。

棱镜常数改正：不同的棱镜具有不同的棱镜常数，使用时应将相应的棱镜常数改正值设置好。

2）配置模式下的参数设置。在配置模式下选取"观测条件"进入观测条件设置屏幕（图 6-4）。

测距模式：斜距	手设垂角：不改正 ↑
倾斜改正：改正（H,V）	竖角模式：天顶距
改视准差：改正	最小显示：5″
C&R cm.：不改正	坐标模式：N−E−Z
：JOB1 ↓	

图 6-4 配置模式下的参数设置示意

视准轴改正：仪器具有自动改正由于横轴和水准管轴引起的视准误差的功能。

2. 距离测量

仪器可以同时对角度和距离进行测量，具体的操作步骤如图 6-5 所示。

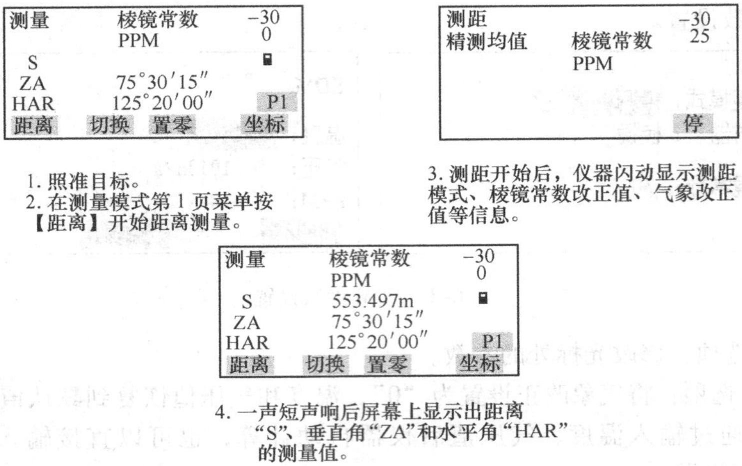

```
┌─────────────────────────────────┐   ┌─────────────────────────────────┐
│ 测量    棱镜常数      -30       │   │ 测距               -30          │
│         PPM          0         │   │ 精测均值  棱镜常数   25         │
│  S                    ▪        │   │           PPM                   │
│  ZA      75°30′15″             │   │                                 │
│  HAR     125°20′00″     P1     │   │                                 │
│ 距离  切换  置零     坐标      │   │                    停           │
└─────────────────────────────────┘   └─────────────────────────────────┘
```

1. 照准目标。
2. 在测量模式第 1 页菜单单按
【距离】开始距离测量。

3. 测距开始后，仪器闪动显示测距
模式、棱镜常数改正值、气象改正
值等信息。

```
┌─────────────────────────────────┐
│ 测量    棱镜常数      -30       │
│         PPM          0         │
│  S       553.497m     ▪        │
│  ZA      75°30′15″             │
│  HAR     125°20′00″     P1     │
│ 距离  切换  置零     坐标      │
└─────────────────────────────────┘
```

4. 一声短声响后屏幕上显示出距离
"S"、垂直角"ZA"和水平角"HAR"
的测量值。

图 6-5　距离测量步骤

按"停"键停止距离测量。

按"切换"键可使距离值显示在斜距 S、平距 H 和高差 V 之间转换。

注意：若将距离测量设置为单次测量，则每次测距完成后自动停止；若将距离设置为平均精测，则显示每次的测量距离值后显示距离的平均值。

四、距离观测值改正

电磁波测距是在地球的自然表面上，实际的大气条件下进行的，测得的只是距离的初步值，还需要加上周期误差改正、波道曲率改正、频率改正才可得到两点间的倾斜距离。

1. 周期误差改正

由于测距仪内部光学和电子线路的光电信号串扰，使待测距离的尾数呈现按精测尺长为周期变化的一种误差称为周期误差 ΔD，按下式计算

$$\Delta D = A\sin\left(\varphi_0 + \theta\right) \tag{6-12}$$

$$\theta = 2D_0 \times \frac{360°}{\lambda}$$

式中　A——周期误差的振幅（mm）；

$\quad\varphi_0$——周期误差的初始相位角（以度表示）；

$\quad D_0$——距离观测值；

$\quad\lambda$——精测调制波长（m）。

2. 波道曲率改正

电磁波在近距离上的传播可看成是直线，但当距离较远时，因受大气垂直折射的影响，就不是一条直线，而是一条半径为 ρ 的弧线，实际测得的距离就是弧

长 D'，把弧长 D' 化为弦长 D 的改正称为第一速度改正，按下式计算

$$\Delta D_g = D - D' = -\frac{D'^3}{24R^2}k^2 \tag{6-13}$$

式中　k——折射系数；

　　　R——地球半径，下同。

实际测距时，一般只是在测线两端测定气象元素，由此求出测线两端折射率的平均值，以此代替严格意义下的测线折射率的积分平均值。这种以测线两端点的折射率代替测线折射率而产生的改正，称为第二速度改正 ΔD_v。可导出其公式为

$$\Delta D_v = \frac{k(1-k)}{12R^2}D'^3 \tag{6-14}$$

第一速度改正 ΔD_g 和第二速度改正 ΔD_v 之和称为波道曲率改正 ΔD_k，即

$$\Delta D_k = \Delta D_g + \Delta D_v = -\frac{2k-k^2}{24R^2}D'^3 \tag{6-15}$$

因折射系数 $k < 1$，故波道曲率改正 ΔD_k 恒为负数。折射系数 k 随时间、地点等因数不同而异，可通过试验测定。在一般情况下，$k = 0.13 \sim 0.25$。

3. 频率改正

在实际测量中，如果仪器精测频率的实测值与标称值不相同，两者间的差值为

$$\Delta f = f - f_0$$

则距离需要进行频率改正，其计算式为

$$\Delta D_f = -\frac{\Delta f}{f}D' \tag{6-16}$$

实测的距离加上以上的各项改正，就得到两点间的倾斜距离 D。

五、全站仪测距归算

全站仪测得的长度是连接地面两点间的直线斜距，在中、长距离控制测量中还应该对所测的斜距进行改化计算。以下介绍归算过程，得到改正以后的边长才能进行大型控制网的平差计算。

1. 倾斜距离化算水平距离

1）用两端点的高差来将倾斜距离 D 转算为水平距离 D_1，计算公式为

$$D_1 = \sqrt{D^2 - \Delta H^2} \tag{6-17}$$

式中　ΔH——测量距离两端点的高差（m）。

2）用观测垂直角来将倾斜距离 D 转算为水平距离 D_1，计算公式为

$$D_1 = D\cos(\alpha + i) \tag{6-18}$$

$$i = (1 - k) \frac{D}{2R} \rho''$$

式中　α——垂直角观测值；

　　　i——地球曲率与大气折光对垂直角的改正值。

2. 测距边水平距离化算到参考椭球面

测距边水平距离 D_1 归算到参考椭球面上的边长 D_2，按下列公式计算

$$D_2 = D_1 - \frac{H_m + h_m}{R_A} D_1 + \left(\frac{H_m + h_m}{R_A} \right)^2 D_1 \tag{6-19}$$

式中　H_m——测距边两端点相对于大地水准面的平均高程（m）；

　　　h_m——测距边所在大地水准面相对于参考椭球面的高差（m）；

　　　R_A——测距边方向参考椭球面法截弧的曲率半径（m）。

3. 参考椭球面长度化算到高斯平面

将测距边水平距离化算到参考椭球面上，再将参考椭球面上的边长 D_2 化算到高斯平面上，其计算公式为

$$D_g = D_2 \left[1 + \frac{y_m^2}{2R_m^2} + \frac{(\Delta y)^2}{24R_m^2} \right] \tag{6-20}$$

式中　Δy——测线两端点横坐标差；

　　　y_m——测线两端点横坐标平均值；

　　　R_m——参考椭球面上测线中点的平均地球半径。

◈◈◈ 第三节　精密测距仪测距

精密的距离测量涵盖了较大范围，从几个微米到数十公里，测定的精度也有较高的要求。为解决精密距离测量问题，测绘工作者针对各种作业的特点和精度要求，研制及开发了许多距离测量的仪器和设备，以满足各种作业的需要。本节介绍几种用于悬空丈量的精密测距仪。

一、Distinvar 测距装置

Distinvar 测距装置的结构如图 6-6 所示，它由三个部分组成：直径为 1.65mm 的带有尺夹的因瓦线尺；有标准插销的测量装置；强制对中附件。

该装置工作原理如下：测距装置以插销固定在所测边两端的标准插座内，并可由测距装置底部的轴承将装置绕插座中心轴灵活旋转，对准另一端点中心；平行的刀口及平衡拉力重体，通过平衡杠杆实现对线尺的引张，标准拉力为 15N；通过装置内电动机和减速齿轮的转动，带动滑架前后移动，使平衡杠杆上下移

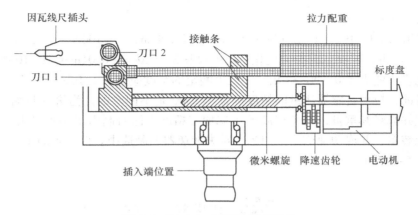

图 6-6　Distinvar 测距装置的结构

动；在平衡杠杆的平衡位置，设置位于杠杆两侧的红外发光管及差示发光管；若电动机转动导致滑架移动，使杠杆处于平衡位置，此时差示发光管的感应电流为零，电动机立即停止转动，从而可从计数器上输出移动距离，或者直接显示距离读数。

为适应不同距离测量，该装置有多条不同长度的因瓦线尺（小于 50m），滑架的全量程为 50mm，读数内符合精度 0.01mm。大量实践表明，该装置的测量中误差约为 ±0.05mm。

相对于因瓦线尺的经典丈量，该装置的主要特点是以刀口结构的杠杆代替由滑轮和重锤组成的拉力系统，其拉力灵敏度可达到 0.002N 的水平，减少了拉力误差。此外，以自动计数装置取代人工估读，极大地提高了读数精度。该装置的不足之处在于拉力较小，因为因瓦线尺安装于滚筒上，在材料内部附加有残余应力，15N 的拉力不足以全部克服因瓦线尺内的残余应力，故测量结果的精度会降低。

二、测距传感装置

Distinvar 测距装置对减少线尺两端拉力的误差有明显的改进。但这种改进使仪器体积增大、拉力减少、加工精度提高。悬链线因张拉力的误差而产生测距的影响为

$$\Delta l = (\frac{l}{EA} + \frac{P^2 l^3}{24 F^2}) \Delta F \tag{6-21}$$

式中　A——线尺横截面面积；

　　　E——弹性模量；

　　　P——线尺单位长度重量；

　　　F——线尺的拉力；

ΔF——拉力变化量。

若取 $E = 15\text{MPa}$，$A = 2.138\text{mm}^2$，$P = 0.173\text{N/m}$，$F = 100\text{N}$，$l = 20\text{m}$ 代入式（6-21）可得，要保证因拉力变化产生的尺长误差 $\Delta l = \pm 0.01\text{mm}$，则 100N 拉力的变化量不能大于 0.1N。这相对于拉力测定的精度应达到 1/1000。

目前，拉力传感器测量的精度确保 1/1000 是不困难的。为进一步缩小仪器的体积并减轻其重量，避免很高的机械加工精度，已研制出了一种名为 UPUHA 的测距装置，并成功地应用于谢尔普霍夫加速器的制造中。该装置的主要工作原理如图 6-7 所示。

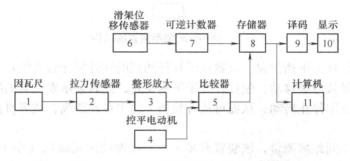

图 6-7 UPUHA 测距装置工作原理框图

UPUHA 测距装置的工作原理如下：当测量部件沿导轨移动时，线尺被张拉，拉力传感器输出端信号增大，经整形放大，进入比较器中，并同来自控平电动机的控制额定数值进行比较，形成脉冲信号；在此脉冲信号的控制下，将由滑架位移传感器探测出的并经可逆计数器表示出的滑架位移值存入存储器，便于直接读取或传输入计算机。

UPUHA 测距装置在拉张钢丝时施加的实际拉力经由控平电动机控制水平。达到控制水平时，电动机再转动，拉力不再增加，同时测定滑架位移传感器的位移量，获得所测量的距离。借助于拉力传感器和线性位移传感器及计算机，实现精密测距的自动化。该装置的滑架移动范围达 100m，分辨率为 0.01mm。

❖❖❖ 第四节 距离测量技能训练

● 训练1 三角高程测量与计算

1. 训练目的

1）理解三角高程测量的原理。

2）学会操作仪器进行三角高程测量。

3）学会处理三角高程记录数据。

2．基本训练项目

1）使用全站仪进行三角高程测量，并记录数据。

2）使用测量数据进行高程计算。

3．准备工作

认真阅读以下有关三角高程测量的原理：

距离在 300m 以上时，对于工程测量或地形测量，地球曲率（或称为水准面曲率）对高差测定的影响已不容忽视；而对水平距离的影响则在 10km 以内可以忽略不计，因此对于远距离三角高程测量，应进行地球曲率影响改正（f_1），简称为球差改正。如图 6-8 所示，通过 A 点的水准面和水平面，二者在 B 点铅垂线上的高程差为 f_1，得到 $f_1 = \dfrac{D^2}{2R}$，其中 D 为 A、B 两点间的水平距离，R 为地球平均曲率半径（取 6371km）。由于地球曲率影响使测得的高差小于实际高差，因此球差改正 f_1 恒为正值。

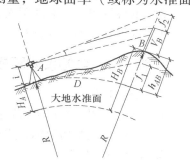

图 6-8 三角高程测量的地球曲率和大气折光影响

此外，地面大气层受到地球重力影响，低层空气密度大于高层空气密度，在进行光电测距时存在大气折光现象，因此进行远距离三角高程测量时，还应该进行大气垂直折光影响改正（f_2），简称为气差改正，f_2 恒为负值，$f_2 = -kD^2/2R$。k 称为大气垂直折光系数，是太阳日照、大气温度和气压、地面土质和植被等因素的复杂函数。k 值变化于 0.8 ~ 2.0 之间，一般在进行近似计算时，取 $k = 0.14$。

远距离三角高程测量球差改正和气差改正合在一起，称为球气差改正（f），可以由 $f = (1-k)D^2/2R$ 计算得到，由此可知球气差改正数值的大小与两点间距离的平方成正比。表 6-4 列出了 $D = 100 \sim 2000m$ 的球气差改正数值。考虑球气差改正时三角高程测量的高差计算公式为

$$h_{AB} = V + i - l + f$$

由于大气垂直折光系数 k 的不确定性，使远距离三角高程测量的球气差改正也具有误差。如果能在短时间内在两点进行对向观测，即测定 h_{AB} 和 h_{BA} 而取其平均值，由于 k 值在短时间内不大可能会改变，而高差 h_{BA} 必须反其符号与 h_{AB} 取平均，从而使球气差改正的误差得到抵消。对向观测的方法应用于要求较高的三角高程测量。

表6-4　D=100～2000m 的两差改正数值（k=0.14）

D/m	f/mm	D/m	f/mm	D/m	f/mm
100	1	400	11	1000	67
200	3	500	17	1500	152
300	6	700	33	2000	270

4. 注意事项

1）使用全站仪测量时注意安全，按照操作要求使用。

2）不得将望远镜对准阳光，要有遮阳伞。

3）进行三角测量计算时注意各项的正、负号，不要混淆。

训练2　全站仪测距成果归算

1. 训练目的

1）学会使用全站仪进行距离测量。

2）学会处理距离数据，进行各项误差改正。

2. 基本训练项目

1）使用全站仪进行距离测量，并记录数据。

2）使用测量数据进行距离各项误差的改正计算。

3. 准备工作

1）认真阅读教材有关部分和仪器使用说明书。

2）选择并备齐附件，仪器充好电。

4. 训练步骤

1）根据任务要求结合场地条件，确定测量的两点。

2）按照具体操作步骤进行观测前的仪器检验，并进行观测。

3）将观测数据记录于相应的手簿中，独立检查计算，进行各项误差值改正，得到最后的距离测量成果。

5. 注意事项

全站仪使用、搬运时要格外注意保存，防止受损。

复习思考题

1. 距离测量有哪几种方法？光电测距仪的测距原理是什么？

2. 什么是全站仪？它由哪几部分组成？一般具有哪些测量功能？

3. 光电测距影响精度的因素有哪些？测量时应注意哪些事项？

4. 光电测距需要加入哪些改正？各项改正分别是什么？

第 七 章

测 设 工 作

◆◆◆ 第一节　控制点校核及场地控制网测设

一、控制点校核

平面控制点或建筑红线桩点是建筑物定位的依据，在施工测量之前需要对其进行校核。应认真做好成果资料与现场点位或桩位的交接工作，还应注意内业验算与外业检测，定位依据点的数量不应少于三个。若发现问题，要及时与业主沟通，避免开工后造成更大的损失。

控制点的检校，一般采用极坐标法定位的方法进行。如图 7-1 所示，设 A、B、C 为已知点，现利用 A、B 两点对 C 点进行检校。实地测量 A、C 点之间的水平距离为 D_{AC}，AB、AC 间的水平角为 β。

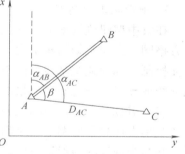

图 7-1　极坐标法定位

首先按照坐标反算公式（7-1）计算 AB 边的坐标方位角 α_{AB}；其次根据 α_{AB} 和水平角 β，利用式（7-2）计算 AC 边的坐标方位角 α_{AC}；然后根据式（7-3）计算 C 点的坐标。

$$\alpha_{AB} = \arctan \frac{\Delta Y_{AB}}{\Delta X_{AB}} = \arctan \frac{Y_B - Y_A}{X_B - X_A} \tag{7-1}$$

$$\alpha_{AC} = \alpha_{AB} + \beta \tag{7-2}$$

$$\left.\begin{array}{l} X_C = X_A + \Delta X_{AC} = X_A + D_{AC}\cos \alpha_{AC} \\ Y_C = Y_A + \Delta Y_{AC} = Y_A + D_{AC}\sin \alpha_{AC} \end{array}\right\} \tag{7-3}$$

得到 C 点坐标后，与 C 点的已知坐标进行比较。在地形图测绘中，检测结果与已知成果的平面较差不应大于图上 0.2mm，高程较差不应大于基本等高距的 1/5。检测建筑红线桩时，角度（β）允许误差为 ±60″，边长（D_{AC}）允许相对误差为 1/2500，点位允许误差为 5cm。城市规划部门提供的水准点是确定建筑物高程的基本依据，水准点的数量不应少于两个，使用前应按附合水准路线进行检测，允许闭合差为 ±10$\sqrt{n}$mm（n 为测站数）。

二、场地控制网测设

场地控制网包括平面控制网和高程控制网，它是整个场地内所有建（构）筑物平面、标高定位及高层建筑竖向控制的基本依据。

施工控制网具有控制范围小，控制点密度大，精度要求高，受施工干扰大，使用频繁等特点。与国家或城市控制网相比较，其最大的不同是：在精度上并不遵循"由高级到低级"的原则，其点位、密度及精度取决于建设的性质，如厂区施工控制网主要是为工业厂区各工程建（构）筑物的布局放样而建立的；而对于车间或厂房，其内部设备放样的相对精度要求更高，这样就导致厂房矩形控制网的精度要求要比厂区控制网高。

在勘测阶段所建立的测图控制网，由于当时设计位置还未确定，所以无法考虑满足施工测量精度与密度的要求；同时，由于大量的土方填、挖，原先布置的控制点常会被破坏，因此在施工前应在建筑场地重新建立施工控制网，以供建筑物的施工放样和变形观测等使用。

1. 平面施工控制网

在大中型建筑场地上，施工控制网一般布设成矩形或正方形的格网，称为建筑方格网。当建筑物面积不大、结构又不复杂时，只需布置一条或几条基线作为平面控制，称为建筑基线。由于建立方格网比较困难，点位易被破坏，目前也常用导线或导线网作为施工测量的平面控制网。

（1）建筑方格网　建筑方格网的设计应根据建筑物设计总平面图上建筑物和各种管线的布设，并结合现场的地形情况确定。设计时应先选定方格网的主轴线，然后设计其他方格点。方格网可设计成正方形或矩形，如图 7-2 所示。

布设建筑方格网时应注意以下几点：

1）控制网必须包括：作为场地定位的起始点和起始边，建筑物的对称轴和主要轴线，弧形建筑物的圆心点和直径方向，电梯井的主要轴线等。

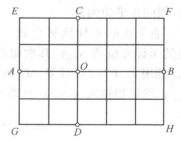

图 7-2　建筑方格网

2）方格网的主轴线应布设在整个场区中部，并与总平面图上的主要建筑物的基本轴线一致或平行。

3）场地平面控制网应均布全场区，控制线间距要适宜。方格网的边长一般为 100 ~ 200m，边长的相对误差一般为 1/10000 ~ 1/20000。

4）一般建筑物附近要设两个水准点或 ±0.000 水平线，高层建筑附近至少设置三个水准点或 ±0.000 水平线。在整个场地内施测时，要能同时后视到两个水准点。场地内的水准点应构成闭合图形，以便于校核。

5）方格网的边应保证通视，点位标石应埋设牢固，能长期保存。

（2）建筑基线

1）建筑基线的布设。建筑基线应靠近建筑物并与其主要轴线平行，以便使用比较简单的直角坐标法来进行建筑物的放样。建筑基线点最少应由 3 点构成，以便校核。通常建筑基线可布置成三点直线形、三点直角形、四点 T 形和五点十字形，如图 7-3 所示。建筑基线主点间应相互通视，边长为 100 ~ 400m，点位应便于永久保存。

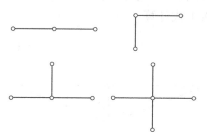

图 7-3　建筑基线形式

2）建筑基线的测设。建筑基线点的定位是根据测量控制点来测设的。首先将测量控制点的测量坐标换算成施工坐标，如在图 7-4 中，N_1、N_2、N_3 为测量控制点，A、O、B 为建筑基线点，按坐标反算公式计算出放样元素 β_1、D_1、β_2、D_2、β_3、D_3；然后用极坐标法测设 A、O、B 点的概略位置 A'、O'、B'（图 7-5），再用混凝土桩把 A'、O'、B' 标定下来。桩的顶部常设置一块 100mm × 100mm 的钢板（厚度一般为 5 ~ 10mm）供调整点位使用。由于存在测量误差，三个基线点一般不在一条直线上，因此需要进行调整。在 O' 点上安置经纬仪，精确地测量 $\angle A'O'B'$ 的角值，如果它与 180° 之差超过 ±10″ 时应进行调整。调整的方法如下：

① 调整一个端点（A' 或 B'）。如图 7-5 所示，调整 A' 点至 A 点，使三点为一直线，调整值 δ 为

$$\delta = \frac{180° - \beta}{\rho} a \qquad (7\text{-}4)$$

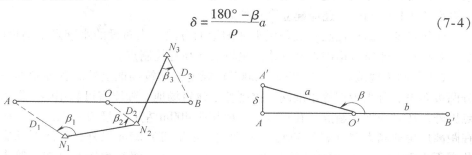

图 7-4　建筑基线的测设　　　　　　图 7-5　调整一个端点

② 调整中点。如图 7-6 所示，调整 O' 至 O 点，使三点为一直线，调整值 δ 为

$$\delta = \frac{180° - \beta}{\rho} \cdot \frac{ab}{a+b} \tag{7-5}$$

③ 调整三点。调整时，A'、O'、B' 三点应进行微小的移动使它们成一直线。如图 7-7 所示，设三点在垂直于轴线的方向上移动一段微小的距离 δ，则 δ 值可按下式计算

$$\delta = \left(90 - \frac{\beta}{2}\right) \cdot \frac{1}{\rho} \cdot \frac{ab}{a+b} \tag{7-6}$$

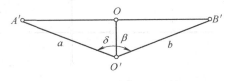
图 7-6　调整中点

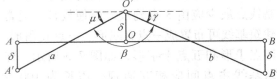
图 7-7　调整三点

在图 7-7 中，由于 μ、γ 均很小，故有

$$\frac{\gamma}{\mu} = \frac{a}{b}, \qquad \frac{\gamma + \mu}{\mu} = \frac{a+b}{b}$$

考虑 $\gamma + \mu = 180° - \beta$，有

$$\mu = \frac{b}{a+b}(180° - \beta) = \frac{2\delta}{a}\rho$$

将上式稍加整理即可得式 (7-6)。

2. 高程施工控制网

工程施工期间，对于高程控制点的建立也有明确的要求。高程控制点在精度上应能满足工程施工中高程放样的要求，以及施工期间建筑物基础下沉的监测要求；在高程控制点的密度上，则应以保证施工方便为准，因此在施工之前除应建立平面施工控制网外，还应建立高程控制网。

建筑场地的高程控制一般采用水准测量的方法。当布设的水准点不够用时，建筑基线点、建筑方格网点及导线点也可兼作高程控制点。

《工程测量规范》（GB 50026—2007）规定，建筑场地上的高程控制网一般分两级布设。首级为三等水准网，控制整个建筑场地。除原有可利用的三等水准点以外，还必须增设新点。在厂区，一般相距 400m 左右应埋设一点。点位应选在距离厂房或高大建（构）筑物（如烟囱、水塔等）25m 以外，距离振动影响范围不小于 5m，距离回填土边界线不小于 15m。第二级高程控制是在三等水准网的基础上加密四等水准网。四等水准点一般不需单独埋设，而与平面控制点合二为一。常在平面控制点的标桩顶面上预先焊上半圆形水准标志，这样做既节约

材料,又方便使用。三等水准的标石规格可参见有关规定。

建筑场地的高程控制网应与国家二等水准点进行联测,作为高程起算的依据。三等水准网应整体建立,四等水准网可根据施工放样的需要分区加密,所有高程控制网点应定期进行检查,以监测其是否发生变动。为此,在建筑场地上还应建立深埋式的水准基准点组,其点数不应少于 3 个。点间的距离宜在 100 ~ 200m 之间,其间的高差应以二等水准要求测定,并定期进行复测。

◇◇◇ 第二节 复杂建筑物定位

一、建筑物定位

建筑物定位就是确定待建的建筑物在施工场地上的具体位置,并设置标志作为施工的依据,通常是将建筑物外廓各轴线的交点测设在地面上,然后根据这些点进行细部位置的放样。根据设计图样上建筑物的位置关系、场地条件和施工控制网的布设情况,建筑物定位一般有四种方法:根据建筑红线定位,根据现有的建筑定位,根据建筑方格网定位,根据测量控制点定位。

二、复杂建筑物定位

在土木和建筑施工中,建筑物和构筑物的平面图形一般是比较简单的,如矩形、方形等,这类工程的建筑施工放线工作比较简单。近年来,随着社会的发展和人们审美水平的不断提高,在建筑物的外观中增添了曲线等设计元素,这在一些公共建筑物和旅游建筑中广泛采用,如圆弧形、椭圆形、双曲线形和抛物线形等,如图 7-8 所示。对这样的建筑物进行定位虽然比较复杂,但由于它们是由有规律的平面曲线组合而成,因此只要掌握曲线的基本性质,采用适当的测量方法,就能顺利完成这些复杂建筑物的定位工作。

这一节介绍圆弧形复杂建筑物的定位方法。

如图 7-9 所示,圆弧 $\overset{\frown}{AC}$ 为某建筑物的圆弧轴线,现要求根据圆弧的起点 A、终点 C 和圆弧的半径 R,测设圆弧 $\overset{\frown}{AC}$。在测设之前需要进行如下计算:

1)设 O_0 为弦 AC 的中点,则 d_0($AO_0 = CO_0 = d_0$)为

$$d_0 = \frac{1}{2}AC \qquad (7-7)$$

设点 D 为圆弧 $\overset{\frown}{AC}$ 的中点,求中矢距 h_0(O_0D)

$$h_0 = R - OO_0 = R - \sqrt{R^2 - d_0^2} \qquad (7-8)$$

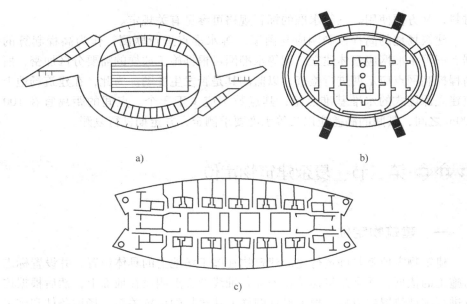

图 7-8 复杂建筑物平面图

a）某游泳馆椭圆形平面示意图　b）某体育馆椭圆形平面示意图　c）某建筑方案平面示意图

2）设点 M 为圆弧 $\overset{\frown}{AD}$ 的中点，求中矢距 h_1（$O_1 M$）

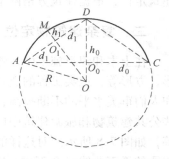

$$AD = \sqrt{d_0^2 + h_0^2} \qquad (7\text{-}9)$$

$$h_1 = R - OO_1 = R - \sqrt{R^2 - d_1^2} \qquad (7\text{-}10)$$

3）依次等分加密，直到计算出的中矢距 h_n（$n = 1、2、3、\cdots$）满足精度要求。此时可以认为，用直线依次连接各等分点所组成的折线近似为所需圆弧。

图 7-9 中矢距等分圆弧法

4）如图 7-10a 所示，假设计算出的中矢距 h_n 达到精度要求时，各相邻等分点的连线所对的圆心角为 θ，则

$$\theta = \frac{1}{2n}\arcsin \frac{d_0}{R} \qquad (7\text{-}11)$$

5）如图 7-10b 所示，假定以 OD 方向为 y 轴，则点 C_1 的坐标为

$$\left.\begin{array}{l} x_{C1} = R\sin \theta \\ y_{C1} = R\cos \theta \end{array}\right\} \qquad (7\text{-}12)$$

依照此法计算出其余各点的坐标。将计算结果列成表格，供放线人员使用。在实际工作中，也可以根据放样精度要求（假设实际放样坐标与设计坐标的最

大允许差值为 δ）按照式（7-13）直接计算圆心角 θ

$$\theta = 2\arccos\frac{R-\delta}{R} \tag{7-13}$$

这里计算出的圆心角 θ 为最大允许的圆心角 θ，为了保证测设精度，可适当减小 θ。

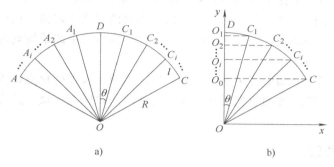

图 7-10　直角坐标法

实地测设步骤如下：

1）按设计数据测设出圆弧端点 A 和 C。

2）标定出整个圆弧弦的中点 O_0。

3）实测 O_0 到 C 的距离，并与计算出的 x_C 进行比较，相对精度应满足要求。

4）在 O_0 点上安置全站仪，以端点 A 或 C 定向，测设直角。沿视线方向分别测设水平距离 $R-y_C$、$y_{C_1}-y_C$、$y_{C_2}-y_C$、$y_{C_3}-y_C$、…依次标定出圆弧中点 D 和 O_1、O_2、O_3、…各测站点。

5）依次在 O_1、O_2、O_3、…各测站点上安置全站仪，以点 D 定向，测设直角。沿视线方向分别测设水平距离 x_{C_1}、x_{C_2}、x_{C_3}、…标定出圆弧上各等分点。将其用直线连接即可近似得到圆曲线。

对于大型的复杂建筑物，使用上述方法有困难时，可以首先按照式（7-14）计算出曲线上点的坐标，然后导入全站仪，利用全站仪直接放样点位。

如图 7-11 所示，把圆心角 $\angle AOB$ 分为 n 等份，$i = 1$、2、3、…、n，圆弧上任意点 P 的坐标 (X, Y) 为

$$X = X_0 + R\cos(\alpha + \theta_i)$$
$$Y = Y_0 + R\sin(\alpha + \theta_i) \tag{7-14}$$

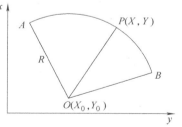

式中　R——圆弧半径；

　　　α——圆心 O 到起点 A 的方位角；

　　　θ——每一等份圆心角的大小。

图 7-11　圆弧形建筑物放样计算示意

◈◈◈ 第三节 曲线测设

受地形、地物及社会经济发展的限制，线路总是从一个方向转到另一个方向。这时，为了使车辆平稳、安全地运行，必须使用曲线连接。这种在平面内连接不同线路方向的曲线，称为平面曲线，简称平曲线。平曲线按其半径不同划分为圆曲线和缓和曲线。

同时，线路纵断面由许多不同坡度的坡段组成，坡度变化点称为变坡点。为了缓和坡度在变坡点处的急剧变化，通常在坡段间以曲线连接，这样的曲线称为竖曲线。

一、圆曲线

单圆曲线简称圆曲线（图 7-12），是最简单的一种曲线。在测设之前，需要进行一些必要的计算。

1. 圆曲线主点的计算

圆曲线主点的计算参照《测量放线工（中级）》第十章第四节中相关内容。

2. 圆曲线任意点偏角值的计算

圆曲线任意点偏角值的计算参照《测量放线工（中级）》第十章第四节中相关内容。

3. 圆曲线上点坐标的计算

以曲线起点 ZY 点为坐标原点，其切线为 x 轴，过 ZY 点的半径为 y 轴建立直角坐标系，如图 7-13 所示。

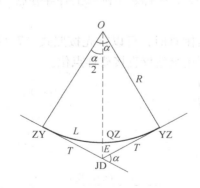

图 7-12 圆曲线

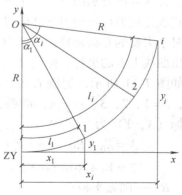

图 7-13 圆曲线坐标计算

曲线分为左偏和右偏，曲线在线路前进方向左手边的（即 ZY 点切线左侧）

为左偏，在线路前进方向右手边的（即 ZY 点切线右侧）为右偏。图 7-13 中的圆曲线为左偏。曲线为右偏时，曲线在 x 轴的下方。从图中可以看出，圆曲线上任意一点 i 的坐标为

$$
\left.
\begin{array}{l}
x_i = R\sin\alpha_i \\
y_i = cR\ (1 - \cos\alpha_i)
\end{array}
\right\} \tag{7-15}
$$

将式（7-16）代入式（7-15）并用级数展开，可得以曲线长 l_i 为参数的圆曲线参数方程式

$$
\alpha_i = \frac{l_i}{R} \tag{7-16}
$$

$$
\left.
\begin{array}{l}
x_i = l_i - \dfrac{l_i^3}{6R^2} + \dfrac{l_i^5}{120R^4} \\[3mm]
y_i = c\ \left(\dfrac{l_i^2}{2R} - \dfrac{l_i^4}{24R^3} + \dfrac{l_i^6}{720R^5}\right)
\end{array}
\right\} \tag{7-17}
$$

式中，线路左转时 c 取"$+1$"，线路右转时 c 取"-1"。

根据曲线半径 R 与曲线上任意一点 i 的曲线长 l_i，代入式（7-17）即可得到 i 点坐标 $(x_i,\ y_i)$。

检核：如图 7-14 所示，以 ZY 点为原点建立切线直角坐标系，YZ 点的坐标为

$$
\left.
\begin{array}{l}
x_{YZ} = (1 + \cos\alpha)\,T \\
y_{YZ} = cT\sin\alpha
\end{array}
\right\} \tag{7-18}
$$

式中，线路左转时 c 取"$+1$"，线路右转时 c 取"-1"。

利用式（7-18）计算出 YZ 点的坐标，并与式（7-17）的计算结果进行比较，以进行检核。

需要注意的是，式（7-17）为一近似式，当圆曲线半径较大时可以使用，但是半径过小时，不可直接使用此式，需要用式（7-15）、式（7-16）进行计算。

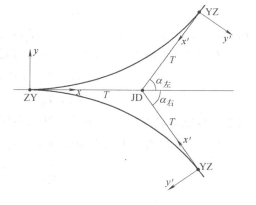

图 7-14　切线直角坐标系

4. 坐标转换

将切线直角坐标系中的坐标转换到测量坐标系

$$
\left.
\begin{array}{l}
X = X_{ZY} + x\cos A + y\sin A \\
Y = Y_{ZY} + x\sin A - y\cos A
\end{array}
\right\} \tag{7-19}
$$

式中   A——ZY 点到 JD（交点）的方位角；
X_{ZY}、Y_{ZY}——ZY 点在测量坐标系中的坐标。

5. 直接计算测量坐标系中圆曲线的点坐标

由于施工中大多需要的是测量坐标系下的坐标，因此可以不计算切线直角坐标系中的坐标，而直接计算测量坐标系中的坐标。具体步骤如下：

1）计算 ZY 点到 YZ 点的长度 D（即圆曲线弦长，图 7-15）

$$D = \sqrt{(X_{ZY} - X_{YZ})^2 + (Y_{ZY} - Y_{YZ})^2} \tag{7-20}$$

2）计算圆心 O 与 ZY、YZ 两点组成的等腰三角形的底角 β

$$\beta = \arccos \frac{D}{2R} \tag{7-21}$$

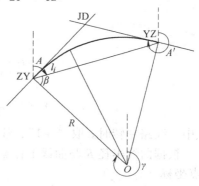

图 7-15   计算测量坐标系
中圆曲线的点坐标

3）利用坐标反算公式计算 ZY 点到 YZ 点的方位角 A、YZ 点到 ZY 点的方位角 A′

$$\left. \begin{array}{l} A = \arctan \dfrac{Y_{YZ} - Y_{ZY}}{X_{YZ} - X_{ZY}} \\[2mm] A' = \arctan \dfrac{Y_{ZY} - Y_{YZ}}{X_{ZY} - X_{YZ}} \end{array} \right\} \tag{7-22}$$

4）计算圆心 O 的坐标（X_O，Y_O）。首先利用 ZY 点计算圆心坐标

$$\left. \begin{array}{l} X_O = X_{ZY} + R\cos(A - c\beta) \\[1mm] Y_O = Y_{ZY} + R\sin(A - c\beta) \end{array} \right\} \tag{7-23}$$

式中，线路左转时 c 取"+1"，线路右转时 c 取"−1"。

然后用 YZ 点再次计算圆心坐标，以进行检核

$$\left. \begin{array}{l} X_O = X_{YZ} + R\cos(A' + c\beta) \\[1mm] Y_O = Y_{YZ} + R\sin(A' + c\beta) \end{array} \right\} \tag{7-24}$$

式中，线路左转时 c 取"+1"，线路右转时 c 取"−1"。

5）计算圆曲线上的点坐标（X_i，Y_i），以及圆心 O 到 ZY 点的方位角（γ）

$$\left. \begin{array}{l} \gamma = \arctan \dfrac{Y_{ZY} - Y_O}{X_{ZY} - X_O} \\[3mm] X_i = X_O + R\cos\left(\gamma - c\dfrac{l_i}{R}\right) \\[3mm] Y_i = Y_O + R\sin\left(\gamma - c\dfrac{l_i}{R}\right) \end{array} \right\} \tag{7-25}$$

式中，γ 为线路左转时 c 取"+1"，线路右转时 c 取"−1"。

利用式（7-25）计算出 YZ 点坐标后，可以与实际坐标进行比较，以进行检核。

这样，就可以直接求得圆曲线上任意一点在测量坐标系中的坐标。

二、缓和曲线

半径连续渐变的过渡型曲线称为缓和曲线，用于连接直线与圆曲线，以及不同曲率半径的圆曲线，使线路曲线平稳变化，达到安全、平顺行驶的目的。在直线与圆曲线间嵌入缓和曲线时，圆曲线两端加入缓和曲线后，圆曲线应内移一段距离，方能使缓和曲线与直线衔接。而内移圆曲线，可采用移动圆心或缩短半径的方法来实现。我国在铁路、公路的曲线测设中，一般采用内移圆心的方法。

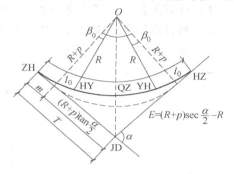

图 7-16　有缓和曲线的圆曲线

1. 有缓和曲线的圆曲线要素及其计算

如图 7-16 所示，圆曲线部分的半径为 R，偏角（即线路转向角）为 α，曲线长为 L，缓和曲线的长度为 l_0，缓和曲线的角度为 β_0，切线长为 T，切线增长距离为 m；加设缓和曲线后，圆曲线相对于切线的内移量为 p，外矢距为 E，切曲差为 q。其中，R、α、l_0 为已知数据，其余要素可按式（7-26）计算得出

$$\left.\begin{array}{l} \beta_0 = \dfrac{l_0}{2R}\rho, m = \dfrac{l_0}{2} - \dfrac{l_0^3}{240R^2}, p = \dfrac{l_0^2}{24R} \\[3mm] T = (R+p)\tan\dfrac{\alpha}{2} + m, L = \dfrac{\pi R(\alpha - 2\beta_0)}{180} + 2l_0 \\[3mm] q = 2T - L, E = (R+p)\sec\dfrac{\alpha}{2} - R \end{array}\right\} \qquad (7\text{-}26)$$

2. 有缓和曲线的圆曲线的主要点里程计算

有缓和曲线的圆曲线的主要点包括：ZH 点（直缓点）、HY 点（缓圆点）、QZ 点（曲中点）、YH 点（圆缓点）和 HZ 点（缓直点），其里程可自 JD 点（交点）的里程根据式（7-27）求得

$$\left.\begin{array}{l} s_{ZH} = s_{JD} - T, \ s_{HY} = s_{ZH} + l_0, \ s_{QZ} = s_{ZH} + \dfrac{L}{2} \\[3mm] s_{HZ} = s_{QZ} + \dfrac{L}{2}, \ s_{YH} = s_{HZ} - l_0 \\[3mm] \text{检核：} s_{HZ} = s_{JD} + T - q \end{array}\right\} \qquad (7\text{-}27)$$

式中 s_{ZH}、s_{HY}、s_{QZ}、s_{YH}、s_{HZ}、s_{JD}——分别代表对应点的里程。

三、平面曲线详细测设方法

1. 全站仪测设曲线

用全站仪坐标法放样曲线时，线路坐标一般是用计算机程序算出，并将其传输给全站仪；或者直接使用全站仪的内置软件计算出各点坐标，然后利用全站仪的"放样"功能进行放样。以 Sokkia SET22D 全站仪为例，介绍全站仪放样曲线的具体方法：

1）计算出各点在测区统一坐标系中的坐标（绝对坐标）。

2）将计算结果形成全站仪作业所需的数据文件，导入全站仪。

3）在一已知点安置仪器。

4）如图 7-17a 所示，在"Meas"（测量）模式下，按"S－O"键进入放样测量模式，显示"放样测量菜单"屏幕（图 7-17b）。

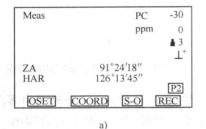
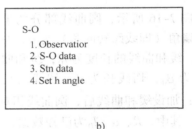

a)   b)

图 7-17　坐标放样屏幕

5）选择"3. Stn data"（测站数据），进入"测站设置"屏幕，输入测站点的坐标后按"OK"键，返回"放样测量菜单"屏幕。

6）选择"4. Set h angle"，进入"后视点方位角设置"屏幕，输入后视点的坐标后按"OK"键，进入"后视点照准"屏幕。

7）用全站仪瞄准后视点，按"YES"键，回到"水平角测量"屏幕，此时"HAR"一行显示测站到后视点的方位角。

8）定向检查，用另一已经点检查定向结果是否符合要求。至此，完成测站的定位和定向，然后回到"放样测量菜单"屏幕。

9）选择"2. S－O data"（放样数据），进入"放样数据设置屏幕"（图 7-18a），导入待放样点的坐标，导入完成之后显示放样数据"SO dist"（放样距离）和"SO H ang"（放样方位角）。

10）按"OK"键进入"放样观测"屏幕，如图 7-18b 所示。

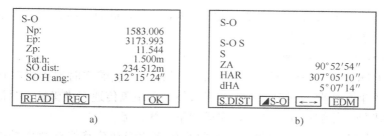

图 7-18　放样数据设置及观测屏幕

11）按"← →"键进入"平面放样引导"屏幕，如图 7-19a 所示；屏幕中第二行为方位角引导，箭头及其后面的角度值指示目标棱镜移动的方向及角度，直至左右箭头均出现，如图中所示；第三行为距离引导，指示目标棱镜在此方向上前后移动的方向和距离，箭头向上为远离测站，箭头向下为靠近测站，直至上下箭头均出现，如图 7-19b 所示。此时，棱镜的位置即为待放样点的平面位置。

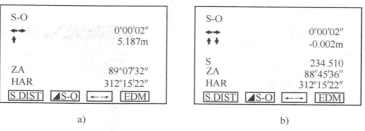

图 7-19　平面位置放样引导屏幕

12）如果同时需要放样出点的高程，则按" ◢ S－O"（放样模式）键，使"S. DIST"的功能显示变为"COORD"；按"COORD"键回到"放样观测"屏幕，如图 7-20a 所示。

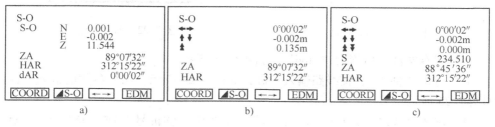

图 7-20　高程放样引导屏幕

13）按"← →"键后再按"COORD"键，显示"高程放样引导"屏幕，如图 7-20b 所示，按照第四行双三角箭头和后面数值的指示，向上或向下移动目标棱镜，直至上下双箭头均出现，如图 7-20c 所示。此时，棱镜标杆底部的尖端即为待放样点的空间位置。

2. GPS-RTK 测设曲线

GPS-RTK 是一种全天候、全方位的测量系统，能够实时地提供在任意坐标系中的三维坐标数据，拥有彼此不通视条件下远距离传递三维坐标，且测量误差不累计的优势，能够快速、高效地完成测量放样任务。

南方 RTK 对道路放样提供了单个曲线放样功能和公路线路放样功能，前者主要是为单个的曲线（如缓和曲线）按放样间隔计算出坐标，逐一放样点位；后者应用更广泛，施测单位可以将整条线路的参数输入到 RTK 中，得到线路上的点，在实际施测时可以按点或者线路来进行放样，这样有助于放样线路上任一点的位置。在使用 RTK 进行放样之前，需要先进行线路的设计。具体操作步骤如下：

1）点击"工具"→"道路设计"→"元素模式"，如图 7-21 所示。

2）新建线路，输入路线名、起点里程，如图 7-22 所示。

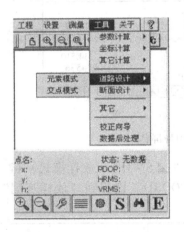

图 7-21　道路设计

图 7-22　新建线路

3）保存文件，后缀为".rod"，如图 7-23 所示。

4）点击"插入"，按线路输入参数，如图 7-24 所示；四种参数的输入界面如图 7-25 所示。

5）输入完成之后，再输入"间隔"，并选择"整桩号"或"整桩距"，点击"计算"，如图 7-26 所示。点击"图形绘制"，可查看图形，如图 7-27 所示。

6）点击"保存"，如图 7-28 所示。

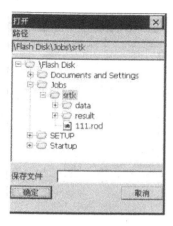

图 7-23　保存文件　　　　　　　图 7-24　插入曲线

图 7-25　曲线要素输入

图 7-26　输入间隔

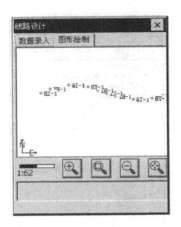

图 7-27　图形绘制

7）在测区内选择一空旷的地方架设基站，连接好电台和天线。

8）利用测区内四周控制点的数据求解出测区的坐标转换参数，同时用测区内其他控制点进行检测，结果符合要求后开始进行放样工作。

9）点击"测量"→"线路放样"，进入线路放样界面，如图 7-29 所示。

10）如图 7-30 所示，点击打开按钮。

图 7-28　保存界面

图 7-29　线路放样

11）选择"线路文件"，导入设计好的线路文件，点击"计算"，可显示各点的坐标，如图 7-31、图 7 - 32 所示。

12）如果要对整个线路进行放样，点击"线路放样"；如果要对某个标志点或加桩进行放样，则点击"点放样"。

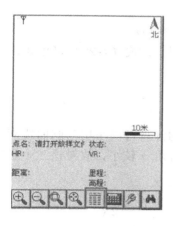

图7-30　打开文件

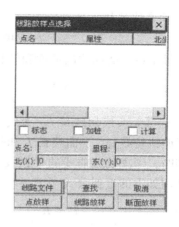

图7-31　线路文件

四、竖曲线

线路纵断面由许多不同坡度的坡段组成，坡度变化点称为变坡点。为了缓和坡度在变坡点处的急剧变化，通常在坡段间以曲线连接，这种在道路纵坡的变换处竖向设置的曲线称为竖曲线。连接两相邻坡度线的竖曲线，可以用圆曲线，也可以用抛物线。目前，我国铁路上多采用圆曲线连接。

如图7-33所示，竖曲线的半径为 R，上、下坡的坡度分别为 i_1（＋）、i_2（－），切线长为 T，曲线长为 L，外矢距为 E。其中，R 与 i_1、i_2 为已知数据。有关竖曲线的测设可按下列步骤进行：

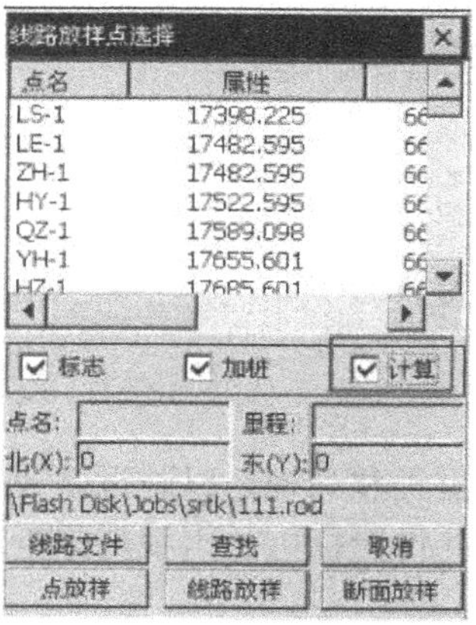

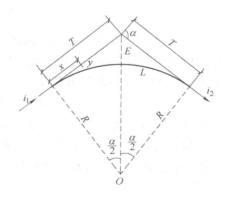

图7-32　显示坐标

图7-33　竖曲线

1. 计算坡度转折角 α

$$\alpha = \arctan i_1 - \arctan i_2 \tag{7-28}$$

一般来讲，竖曲线的坡度和转折角 α 都很小，式（7-28）可以化简为如下形式

$$\alpha = |i_1 - i_2| \tag{7-29}$$

2. 计算竖曲线切线长 T、曲线长 L 和外矢距 E

竖曲线切线长 T、曲线长 L 和外矢距 E 的计算可以采用与圆曲线同样的公式。同时，考虑到竖曲线的半径较大，且转折角 α 较小，故对这三个量的计算可以利用如下的近似公式：

$$T = R\frac{\alpha}{2}, \qquad L = 2T, \qquad E = \frac{T^2}{2R} \tag{7-30}$$

3. 计算竖曲线主要点里程

竖曲线的主要点包括：QD 点（起点）、BP 点（变坡点）和 ZD 点（终点），其里程可自 BP 点的里程根据式（7-31）求得

$$\left.\begin{array}{l} s_{QD} = s_{BP} - T \\ s_{ZD} = s_{BP} + L \end{array}\right\} \tag{7-31}$$

式中 s_{QD}、s_{BP}、s_{ZD}——分别代表对应点的里程。

4. 计算坡度线上各点的高程 H_i'

坡度线上各点的高程 H_i' 可根据变坡点的高程 H_0'、坡度 i 及曲线点间的间距求得。

5. 计算竖曲线上标高的改正值

以竖曲线起点（或终点）为基准，竖曲线上各点标高的改正值为

$$y_i = \frac{x_i^2}{2R} \tag{7-32}$$

式中 x_i——曲线点在水平方向上的间距。

y_i 的值在凹形竖曲线中为正，在凸形竖曲线中为负。

6. 计算竖曲线上各点的高程 H_i

$$H_i = H_i' + y_i \tag{7-33}$$

竖曲线上各点的放样，可根据纵断面上标注的里程和高程，以附近已放样的整桩为依据，向前或后向后量取各点的水平距离，并设置标桩；再根据附近已知的高程点进行各曲线点设计高程的放样。

◇◇◇ 第四节 结构施工测量

一、工业厂房柱列轴线的测设

厂房柱列轴线的测设工作是在厂房控制网的基础上进行的。

如图 7-34 所示，P、Q、R、S 是厂房矩形控制网的四个控制点，Ⓐ、Ⓑ、Ⓒ和①、②、…、⑨等轴线均为柱列轴线，其中定位轴线Ⓑ轴和⑤轴为主轴线。

柱列轴线的测设可根据柱间距和跨间距用钢尺沿矩形网四边量出各轴线控制桩的位置，并打入大木桩，钉上小钉，作为测设基坑和施工安装的依据。为此，要先设计厂房控制网的角点和主要轴线的坐标，根据建筑场地的控制测设这些点位；然后按照跨间距和柱间距定出柱列轴线。测设后，检查轴线间距，其误差不得超过 1/2000。最后依据中心轴线用石灰在地面上撒出基槽开挖边线。由于施工时中心桩会被挖掉，因此一般在基槽外各轴线的延长线上测设轴线的引桩，作为开挖后各施工阶段各主轴线定位的依据。

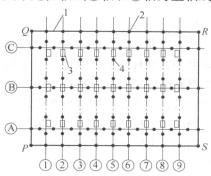

图 7-34 柱列轴线和柱基的测设
1—厂房矩形控制网 2—轴线控制桩
3—柱子 4—定位木桩

二、柱基施工测量

1. 柱基的测设

柱基测设就是根据基础平面图和基础大样图的有关尺寸，把基坑开挖的边线用白灰标示出来以便开挖。为此，安置两台经纬仪在相应的轴线控制桩（图 7-34 中的Ⓐ、Ⓑ、Ⓒ和①、②、…、⑨等点）上交出各柱基的位置（即定位轴线的交点）。

在进行柱基测设时，应注意定位轴线不一定都是基础中心线，有时一个厂房的柱基类型不一、尺寸各异，放样时应特别注意。

2. 基坑的高程测设

当基坑挖到一定深度时，应在坑壁四周距坑底设计高程 0.3～0.5m 处设置几个水平桩，作为基坑修坡和清底的高程依据。此外，还应在基坑内测设出垫层的高程，即在坑底设置小木桩，使桩顶面恰好等于垫层的设计高程。

3. 基础模板的定位

打好垫层以后，根据坑边的定位小木桩，用拉线的方法吊垂球把柱基定位线投到垫层上，用墨斗弹出墨线，用红油漆画出标志，作为柱基立模板和布置基础钢筋网的依据。立模板时，将模板底线对准垫层上的定位线，并用垂球检查模板是否竖直；最后将柱基顶面的设计高程测设在模板内壁。拆模后，用经纬仪根据控制桩在杯口面上定出柱中心线（图 7-35），再用水准仪在杯口内壁定出±0.000 标高线，并画出"▼"标志，以此线控制杯底标高。

三、厂房柱子安装测量

1. 柱子安装前的准备工作

柱子安装前，应对基础中心线及其间距、基础顶面和杯底标高等进行复核，再把每根柱子按轴线位置进行编号，并检查各尺寸是否满足图样设计要求，检查无误后才可弹墨线。在柱子上的三个侧面弹上柱子中心线，并根据牛腿面设计高

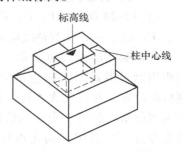

图 7-35　杯形基础

程用钢尺量出柱下口水平线的位置。然后将柱子上弹出的高程线与杯口内的高程线进行比较，以确定每一杯口内的抄平层厚度。过高时应凿去一层，用水泥砂浆抹平；过低时用细石混凝土补平。最后再用水准仪进行检查，其允许误差为 ±3mm。

2. 柱子安装测量

柱子安装的要求是保证其平面和高程位置符合设计要求，柱身铅直。预制的钢筋混凝土柱子插入杯形基础的杯口后，应使柱子三面的中心线与杯口中心线对齐匹配，用木楔或钢楔进行临时固定，如有偏差可用锤敲打楔子，其允许偏差应小于 $H/1000$（H 为柱长，单位为米）；然后将两台经纬仪安置在约 1.5 倍柱高距离的纵、横两条轴线附近，同时进行柱身的竖直校正（图 7-36）。

经过严格检校的经纬仪在整平后，其视准轴上、下转动成一竖直面。据此，可用经纬仪进行柱子的竖直校正，先用纵丝瞄准柱子根部的中心线，制动照准部，缓慢抬高望远镜，观察柱子中心线偏离纵丝的方向，指挥用钢丝绳拉直柱子，直至从两台经纬仪中

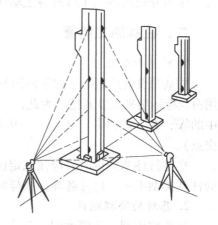

图 7-36　柱子的竖直校正

观测到的柱子中心线从下到上都与十字丝的纵丝重合为止；然后在杯口与柱子的

隙缝中浇入混凝土，以固定柱子的位置。

3. 校正柱子时应注意的两个问题

1）在施工现场进行柱子校正测量时，由于施工现场障碍物多，或因柱子间距较短，仪器无法仰视，故常将仪器偏离柱中心线一边进行校正。但这种做法只能在柱子的上下中心点在同一垂直面上时采用；如果柱子的上下中心点不在同一垂直面上，经纬仪必须安置在轴线的延长线上施测。

2）在两个方向上校正好柱子的垂直度后，应复查平面位置，检查柱子下部的中线是否对准基础轴线。

四、吊车梁安装测量

吊车梁安装测量的主要任务是保证吊车梁的中线位置和标高满足设计要求。

如图 7-37 所示，吊车梁吊装前，应先在其顶面和两个端面弹出中心线。

安装步骤如下：

1）如图 7-38a 所示，利用厂房中心线 A_1A_1，根据设计轨道距离在地面上测设出吊车轨道中心线 $A'A'$ 和 $B'B'$。

2）将经纬仪安置在轨道中线的一个端点 A' 上，瞄准另一个端点 A'，仰起望远镜，将吊车轨道中心线投测到每根柱子的牛腿面上并弹以墨线。

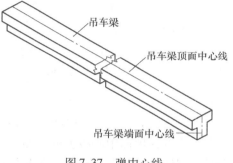

图 7-37　弹中心线

3）根据牛腿面上的中心线和吊车梁端面上的中心线，将吊车梁安装在牛腿面上。

4）检查吊车梁顶面的高程。在地面安置水准仪，在柱子侧面测设 +50cm 的标高线（相对于厂房 ±0.000）；用钢尺沿柱子侧面量出该标高线至吊车梁顶面的高度 h，如果 $h+0.5m$ 不等于吊车梁顶面的设计高程，则需要在吊车梁下加垫片进行调整，直至符合要求。

五、吊车轨道安装测量

吊车轨道安装测量的目的是保证轨道中心线、轨顶标高均符合设计要求。

1. 在吊车梁上测设轨道中心线

当吊车梁安装以后，用经纬仪从地面把吊车梁中心线（即吊车轨道中心线）投到吊车梁顶上，如果与原来画的梁顶几何中心线不一致，则按新投的点用墨线重新弹出吊车轨道中心线作为安装轨道的依据。

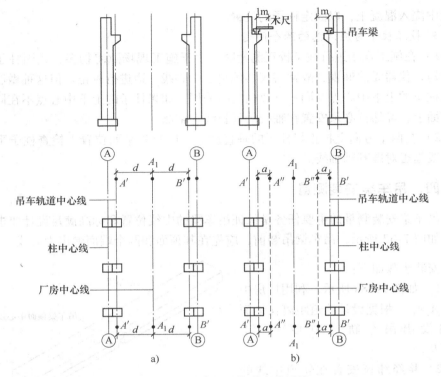

图7-38 吊车梁及轨道安装测量

由于安置在地面中心线上的经纬仪不可能与吊车梁顶面通视，因此一般采用中心线平移法进行测量。如图7-38b所示，在地面上分别从两条吊车轨道中心线量出1m的距离，得到两条平行线$A''A''$和$B''B''$；然后将经纬仪安置在平行线一端的点A''上，瞄准另一端点A''，固定照准部，仰起望远镜投测。另一人在吊车梁上左右移动水平放置的木尺，当视线对准1m分划时，尺的零点应与吊车梁顶面的中线重合。如不重合，应予以修正，直至吊车梁中线至$A''A''$或$B''B''$的间距等于1m。

2. 吊车轨道安装时的高程测量

在轨道安装前，要用水准仪检查梁顶的高程。每隔3m在放置轨道垫块处测一点，以测得结果与设计数据之差作为加垫块或抹灰的依据。在安装轨道垫块时，应重新测出垫块高程，使其符合设计要求，以便安装轨道。梁面垫块高程的测量允许误差为±2mm。

3. 吊车轨道检查测量

轨道安装完毕后，应全面进行一次轨道中心线、跨距及轨道高程的检查，以保证能安全架设和使用吊车。

◈◈◈ 第五节　沉降观测

　　为保证工程建筑物在施工、使用和运行中的安全，以及为建筑设计提供资料，通常需要对工程建筑物及其周边环境的稳定性进行观测，这种观测称为建筑物的变形观测。变形观测的主要内容包括沉降观测、倾斜观测、位移观测和裂缝观测等。这一节主要介绍建筑物的沉降观测。

　　在荷载影响下，建筑基础下土层的压缩是逐步实现的，因此基础的沉降量也是逐渐增加的。一般认为，修建在砂土类土层上的建筑物，其沉降在施工期间已完成大部分；而修建在粘土类土层上的建筑物，其沉降在施工期间只完成了一部分，因此对于粘土类土层上的建筑物，变形监测应贯穿整个兴建工程建筑物的全过程，即建筑之前、之中及运营期间。

一、高程基准点和沉降观测点的设置

　　高程基准点的设置要求：

　　1）点位要稳定，处于受压、受振的范围以外。

　　2）为了保证基准点高程的正确性和便于相互检核，基准点一般不得少于三个，并选择其中一个最稳定的点作为水准基点。

　　3）基准点和观测点之间的距离应适中，相距太远会影响观测精度，相距太近又会影响水准点的稳定性，从而影响观测结果的可靠性，通常水准点和观测点之间的距离以 60～100m 为宜。

　　4）冰冻地区的水准点应埋设在冻土深度线以下 0.5m。

　　进行沉降观测的建（构）筑物上应埋设沉降观测点。观测点的数量和位置应能全面反映建（构）筑物的沉降情况，其埋设要求见《测量放线工（中级）》第十章第五节。

二、沉降观测的方法和精度要求

　　观测时先后视水准基点，接着依次前视各沉降观测点，最后再次后视该水准基点，两次后视读数之差不应超过 ±1mm。其他内容见《测量放线工（中级）》第十章第五节。

三、沉降观测的周期

　　一般待观测点埋设稳固后，且在建（构）筑物主体开工前，即进行第一次观测。在建筑物主体施工过程中，一般为每盖 1～2 层观测一次；大楼封顶或竣

工后，一般每月观测一次，如果沉降速度减缓，可改为 2~3 个月观测一次，直到平均沉降速率小于 0.04mm/d 时，观测才可停止。具体工作中，应根据工程的性质、施工速度、地基地质情况及基础荷载的变化作出相应的调整。

四、沉降观测成果整理

1. 整理原始数据

每次观测结束后，应检查记录的数据和计算是否正确，精度是否合格；然后调整高差闭合差，推算出各沉降观测点的高程，并填入"沉降观测表"中，见表 7-1。

表 7-1 沉降观测表

| 观测次数 | 观测时间 | 观测点沉降情况 | | | | | | | | 施工进展 | 荷载/(t/m^2) |
| | | 1 | | | 2 | | | ... | | | |
		本次下沉/mm	累计下沉/mm	高程/m	本次下沉/mm	累计下沉/mm	高程/m		...		
1	2005.01.10	0	0	50.454	0	0	50.473			一层平口	
2	2005.02.23	-6	-6	50.448	-6	-6	50.467			三层平口	40
3	2005.03.16	-5	-11	50.443	-5	-11	50.462			五层平口	60
4	2005.04.14	-3	-14	50.440	-3	-14	50.459			七层平口	70
5	2005.05.14	-2	-16	50.438	-3	-17	50.456			九层平口	80
6	2005.06.04	-4	-20	50.434	-4	-21	50.452			主体完	110
7	2005.08.30	-5	-25	50.429	-5	-26	50.447			竣工	
8	2005.11.06	-4	-29	50.425	-2	-28	50.445			使用	
9	2006.02.28	-2	-31	50.423	-1	-29	50.444				
10	2006.05.06	-1	-32	50.422	-1	-30	50.443				
11	2006.08.05	-1	-33	50.421	0	-30	50.443				
12	2006.12.25	0	-33	50.421	0	-30	50.443				

注：BM.1 的高程为 49.538mm；BM.2 的高程为 50.123mm；BM.3 的高程为 49.776mm。

2. 计算沉降量

计算内容和方法如下：

1）计算各沉降观测点的本次沉降量

沉降观测点的本次沉降量 = 本次观测所得的高程 − 上次观测所得的高程

2）计算累积沉降量

累积沉降量 = 本次沉降量 + 上次累积沉降量

3）将计算出的沉降观测点本次沉降量、累积沉降量和观测日期等情况记入"沉降观测表"中。

3. 绘制沉降曲线

如图 7-39 所示的沉降曲线图，沉降曲线分为两部分，即时间与沉降量关系曲线和时间与荷载关系曲线。

（1）绘制时间与沉降量关系曲线 首先以沉降量 s 为纵轴，以时间 t 为横轴，组成平面直角坐标系；然后以每次的累积沉降量为纵坐标，以每次的观测日期为横坐标，标出沉降观测点的位置；最后用曲线将标出的各点连接起来，并在曲线的一端注明沉降观测点的点号，这样就绘制出了时间与沉降量关系曲线，如图 7-39 所示。

（2）绘制时间与荷载关系曲线 首先以荷载为纵轴，以时间为横轴，组成直角坐标系；再根据每次的观测时间和相应的荷载标出各点，将各点连接起来，即可绘制出时间与荷载关系曲线，如图 7-39 所示。

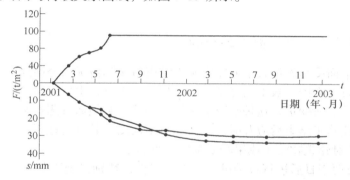

图 7-39 沉降曲线

五、沉降观测中常遇到的问题及其处理

（1）曲线在首次观测后即发生回升现象 在第二次观测时即发现曲线上升，至第三次后，曲线又逐渐下降。此种现象一般都是由于首次观测成果存在较大误差所引起的。此时，应将第一次观测成果作废，而采用第二次观测成果作为首测成果。

（2）曲线在中间某点突然回升 此种现象一般是由于水准基点或沉降观测点被碰所致，如水准基点被压低，或沉降观测点被撬高。此时，应仔细检查水准基点和沉降观测点的外形有无损伤。若众多沉降观测点出现此种现象，则水准基点被压低的可能性很大，此时可改用其他水准点作为水准基点来继续观测，并再埋设新水准点，以保证水准点的数量不少于三个；若只有一个沉降观测点出现此种现象，则很可能是该点被撬高；若观测点被撬后已活动，则需另行埋设新点，若点位还牢固，则可继续使用，对于该点的沉降量计算应进行合理处理。

（3）曲线自某点起逐渐回升　此种现象一般是由于水准基点下沉所致。此时，应根据水准点之间的高差来判断出最稳定的水准点，以此作为新水准基点，将原来下沉的水准基点废除。另外，埋在裙楼上的沉降观测点由于受主楼的影响，有可能会出现属于正常的逐渐回升现象。

（4）曲线的波浪起伏现象　曲线在后期呈现微小波浪起伏现象，此种现象一般是由于测量误差所造成的。曲线在前期波浪起伏之所以不突出，是因为下沉量大于测量误差；但到后期，由于建筑物下沉极微小或已接近稳定，因此在曲线上就出现测量误差比较突出的现象。此时，可将波浪曲线改成为水平线，并适当地延长观测的间隔时间。

◈◈◈◈ 第六节　竣 工 测 量

一、编绘竣工总平面图的目的

竣工总平面图是设计总平面图在施工结束后实际情况的全面反映。设计总平面图与竣工总平面图一般不会完全一致，如在施工过程中可能由于设计时没有考虑到而使设计有所变更，这种临时变更设计的情况必须通过测量反映到竣工总平面图上，因此施工结束后应及时编绘竣工总平面图，其目的在于：

1）它是对建筑物竣工成果和质量的验收测量。

2）它将便于日后进行各种设施的维修工作，特别是地下管道等隐蔽工程的检查和维修工作。

3）为改、扩建提供原有各项建（构）筑物、地上和地下各种管线及测量控制点的坐标、高程等资料。

编绘竣工总平面图，需要在施工过程中收集一切有关的资料，并对资料加以整理；然后及时进行编绘。为此，在建筑物开始施工时应有所考虑和安排。

二、新建工程竣工测量

新建工程竣工测量应随着工程的阶段性竣工及时进行相应的竣工测量与竣工图编绘。工程施工期间，测量人员要根据施工速度，利用设计图样和设计数据计算出所设计的各种建（构）筑物、管线等的特征点、线的放样数据，进行实地测设；而在工程竣工（或阶段性竣工）时，又要测定其实际位置，作为检核，因而随着工程的建设与竣工，应利用设计图样、设计数据及竣工实测数据及时编绘施工现状总图，如果实测位置与设计不符，可及时核对，确定后修改原设计的位置。这样，随着施工的继续，逐步改变设计总平面图，进而成为竣工总图，使竣工图能真实反映实际情况。这种边竣工边编绘的优点是：当工程全部竣工时，竣工图也大部分编制完成，既可作为交工验收的资料，又可显著减少实测工作量，从而节约了人力和物力，而且因是竣工后的实测数据，经过校核，精度高而可靠，测量的内容比较详细，不易出现遗漏现象。

竣工测量的实测方法可参照地形图测绘方法，测量内容主要应包括测量控制点、厂房辅助设施、生活福利设施、架空及地下管线、道路的转向点等建（构）筑物的坐标（或尺寸）和高程，以及留置空地区域的地形。细部点选取的技术要求见表7-2。其中，建（构）筑物是指永久性的、正规的生产车间、生活间、仓库、办公楼、水塔、烟囱、油罐、水处理装置等。除测定坐标、高程及主要尺寸外，还需附有其房屋编号、结构层数、面积和竣工时间等资料。细部特征点坐标及标高成果的取值均应精确至1cm；两相邻细部坐标间，反算距离与实地丈量距离的较差不应大于表7-3中的规定。对地下管线，应附注管道及管井的编号、名称、管径、管材、间距、坡度和流向。

表7-2　细部点选取的技术要求

类别		坐标	标高	其他技术要求
建（构）筑物	矩形	主要墙角	主要墙外角、室内地坪	—
	圆形	圆心	地面	注明半径、高度或深度
地下管道		起、终、转、交叉点的管道中心	地面、井台、井底、管顶、下水测出入口管底或沟底	经委托单位，开挖后施测
架空管道		起、终、转、交叉点，皆测支架中心	施测细部坐标的点和变坡点，皆测基座面或地面	注明通过铁路、公路的净空高
架空电力线路、电信线路		杆（塔）的起、终、转、交叉点，皆测杆（塔）中心	杆（塔）的地面或基座面	注明通过铁路、公路的净空高
地下电缆		起、终、转、交叉点（电缆或沟道中心），入地、出地	施测过细部坐标的点和变坡处，皆测地面和电缆面	经委托单位，开挖后施测
铁路		车挡、岔心、交点、进厂房处，直线部分每50m测一点	车挡、岔心、变坡处、直线段每50m测一点，曲线内轨每20m测一点	—
公路		干线的交叉点	变坡处、交叉处、直线段每30~50m测一点	
桥梁、涵洞		大型测四角，中型测中心线两端，小型只测中心点	施测过细部坐标的点、涵洞需测进出口底部高	—

注：1. 建（构）筑物凹凸部分大于0.5m时，应丈量细部尺寸。

　　2. 厂房门宽度大于2.5m或只能通行汽车时，应实测其位置。

　　3. 对排列整齐的宿舍，可只测其外围的四角细部坐标。

表 7-3　反算距离与实地丈量距离的较差

项目	主要建（构）筑物	一般建（构）筑物
较差/cm	$7 + s/2000$	$10 + s/2000$

注：表中 s 为两相邻细部点间的距离/cm。

竿工图的实测和对已有资料的实地检测，应在已有的施工控制点上进行。当控制点被破坏时，应进行恢复，恢复后的控制点点位应能保证所施测细部点的精度。测量的精度要求应满足工程建设和生产管理的需要，是以细部点坐标和高程测量精度来衡量的，而不取决于测图比例尺。竿工测量时的细部点坐标与高程位置中误差应不大于表 7-4 中的规定，室内地坪、室外地坪（或散水）高程和 ±0.000 的绝对高程的测量应按附合图根水准测量方法施测，线路总长不得大于 8km，视线长度不宜超过 100m，线路闭合差不大于 $\pm 10 \sqrt{n}$ mm（n 为站数）。

表 7-4　竿工测量时的细部点坐标与高程位置中误差

名称	细部点坐标中误差/cm	细部点高程中误差/cm
主要建（构）筑物	5	2
一般建（构）筑物	7	3

竿工测量完成后，应提交完整的资料，包括工程的名称、施工依据、施工成果，作为编绘竿工总平面图的依据。

三、已建工程竿工测量

下列情况下，需要直接对既有工业与民用建筑区进行实测，取得既有各建（构）筑物的细部点坐标和高程，以及工程的有关元素，绘出工业与民用建筑区现状图，即实测竿工总平面图：

1）施工单位较多，多次转手，造成竿工测量资料不全，图面不完整或与现场情况不符。

2）大型工程竿工后，提交的竿工图不能满足需要。

3）缺乏工程从施工到竿工的测量检查和竿工验收测量成果资料的积累。

4）由于年长日久，工业与民用建筑区的面貌发生了较大变化。

5）为满足工业与民用建筑区改、扩建工程和管理上的需要。

由于以上各种原因，需要绘制实测竿工总平面图时，应尽可能收集原有的测量、设计、施工测量和竿工测量的图样及数据资料，作为重新编绘实测竿工总平面图的基础资料。

与新建工程竿工测量相比，已建工程竿工测量应注意以下几个问题：

1）控制测量系统应尽可能与原有坐标系统一致，最好能直接利用原有的系统，或者恢复原有的控制系统，以便在施测竣工图时，能使收集到的已有资料经过分析、检核后得到充分利用，保证图样资料能前后衔接使用。若无法利用原有控制系统时，需重新建立新的控制网，新建控制网的精度应能保证细部点测量的精度满足表7-4的规定，并在此基础上重测全部竣工图。

2) 由于工程已全部完成，很多隐蔽工程无法根据收集的资料进行现场检核或直接施测。为确保竣工图的质量，应根据实际情况采取相应的措施，例如对地下管线可采取以下措施：尽可能详尽地收集已有图样资料，如设计图样、竣工图、维修时的记录、生产管理部门所用的各种专业图样等；请熟悉情况的人员（如施工人员、检修人员等）到现场指认，辅以特征点处的开挖等；用探测仪寻找地下管道和电缆。

四、竣工图绘制

在建筑物施工过程中，在每一个单位工程完成后，应该进行竣工测量，并提出该工程的竣工测量成果。对有竣工测量资料的工程，若竣工测量成果与设计值之比差不超过所规定的定位允许误差时，按设计值编绘；否则应按竣工测量资料编绘。对于各种地上、地下管线，应用不同的颜色绘出其中心位置，注明转折点及井位的坐标、高程和有关注记。一般在没有设计变更的情况下，绘制的竣工位置与设计位置应该重合。

另外，地上、地下的所有建（构）筑物都绘制在一张竣工总平面图上时，如果线条过密，可采用分类编图，如综合竣工总平面图、交通运输竣工总平面图、管线竣工总平面图等。建筑物的竣工位置应到实地去测量。外业施测时，必须在现场绘出草图，最后根据实测成果和草图在室内进行展绘，便成为完整的竣工总平面图。

竣工总平面图的附件：

为了全面反映竣工成果，便于管理、维修和以后的扩建或改建，下列与竣工总平面图有关的一切资料应分类装订成册，作为竣工总平面图的附件保存：

1) 建筑场地及其附近的测量控制点布置图以及坐标与高程一览表。

2) 建（构）筑物沉降及变形观测资料。

3) 地下管线竣工纵断面图。

4) 工程定位、检查及竣工测量的资料。

5) 设计变更文件。

6) 建设场地原始地形图等。

◇◇◇ 第七节　测设工作技能训练

● 训练1　复杂建筑物测设

1. 训练目的

1）了解复杂建筑物定位的方法。

2）熟练掌握圆弧形复杂建筑物定位的方法。

3）开拓思维，灵活掌握各种复杂建筑物的放样。

2. 训练步骤

如图 7-40a 所示，假设一外形为圆弧形的建筑物半径为 R，现要求每隔距离 l 放一个点，将这些点连接起来组成圆弧形。其测设步骤如下

1）利用下式计算圆心角 θ

$$\theta = \frac{l}{R} \tag{7-34}$$

2）如图 7-40b 所示，假定以 OA_5 方向为 y 轴，则点 A_6 的坐标为

$$\left. \begin{array}{l} x_{A6} = R\sin\theta \\ y_{A6} = R\cos\theta \end{array} \right\} \tag{7-35}$$

依照此法计算出其余各点的坐标。

3）按设计数据测设出圆弧起点 A_1 和终点 A_9。

4）标定出整个圆弧弦的中点 O_1。

5）实测 O_1 到 A_9 的距离，并与计算出的 x_{A9} 进行比较，相对精度应满足要求。

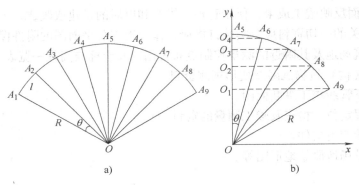

a)　　　　　　　　　b)

图 7-40　直角坐标法

6）在 O_1 点上安置全站仪，以端点 A_1 或终点 A_9 定向，测设直角。沿视线方向分别测设水平距离 $R - y_{A9}$、$y_{A8} - y_{A9}$、$y_{A7} - y_{A9}$、$y_{A6} - y_{A9}$，依次标定出圆弧中点 A_5 和 O_2、O_3、O_4 各测站点。

7）依次在 O_2、O_3、O_4 点上安置全站仪，以 A_5 定向，测设直角。沿视线方向分别测设水平距离 x_{A8}、x_{A7}、x_{A6}，标定出 A_8、A_7、A_6 及 A_2、A_3、A_4 各点。

- **训练2 圆曲线的计算**

1. 训练目的

掌握圆曲线的计算方法。

2. 训练步骤

已知某线路的转角 $\alpha_{右} = 15°36'48''$，圆曲线半径 $R = 800\text{m}$，交点里程为 DK7 + 290.54。在测量坐标系中，ZY 点坐标：$x = 4038.562\text{m}$，$y = 7980.130\text{m}$；JD 点坐标：$x = 4046.717\text{m}$，$y = 8089.507\text{m}$。每隔 20m 放样一个点位。试计算该圆曲线的测设数据。

计算结果见表 7-5。

表 7-5 圆曲线计算结果

点名	里程	间距/m	偏角	自定义坐标系		测量坐标系	
				x	y	x	y
ZY	DK7 + 180.859	19.141	0°00′00″	0	0	4038.562	7980.130
	+ 200	20	0°41′07.6″	19.139	− 0.229	4039.757	7999.233
	+ 220	20	1°24′05.9″	39.126	− 0.957	4040.516	8019.218
	+ 240	20	2°07′04.2″	59.087	− 2.185	4040.776	8039.216
	+ 260	20	2°50′02.5″	79.012	− 3.911	4040.536	8059.214
	+ 280	9.86	3°33′00.8″	98.888	− 6.135	4039.797	8079.200
QZ	DK7 + 289.86		3°54′12″	108.665	− 7.414	4039.248	8089.045
QZ	DK7 + 289.86		356°05′48″	108.665	− 7.414	4039.248	8089.045
	+ 300	10.14	356°27′35.1″	118.701	− 8.855	4038.557	8099.161
	+ 320	20	357°10′33.5″	138.441	− 12.070	4036.820	8119.085
	+ 340	20	357°53′31.8″	158.094	− 15.776	4034.584	8138.959
	+ 360	20	358°36′30.1″	177.648	− 19.974	4031.853	8158.771
	+ 380	20	359°19′28.4″	197.091	− 24.658	4028.627	8178.509
YZ	DK7 + 398.862	18.862	360°00′00″	215.315	− 29.520	4025.134	8197.044
T	109.681m	L	218.003m	E	7.484m	q	1.359m

训练3　竖曲线的计算

1．训练目的

掌握竖曲线的计算方法。

2．训练步骤

已知某线路一方为上坡，其坡度 i_1 为 0.2%；一方为下坡，其坡度 i_2 为 0.3%，变坡点里程为 DK16 + 215.00，高程 H_0 为 369.78m，加设半径 R 为 10000m 的竖曲线（凸形），每隔 5m 放样一个点位。试计算该竖曲线的测设数据。

计算结果见表7-6。

表7-6　竖曲线计算结果

点号	里程	x/m	y/m	坡度线高程/m	设计高程/m
起点	DK16 + 190	0	0	369.73	369.73
	+195	5	0.001	369.74	369.74
	+200	10	0.005	369.75	369.74
	+205	15	0.011	369.76	369.75
	+210	20	0.02	369.77	369.75
变坡点	DK16 + 215	25	0.031	369.78	369.75
	+220	20	0.02	369.76	369.74
	+225	15	0.011	369.75	369.74
	+230	10	0.005	369.74	369.73
	+235	5	0.001	369.72	369.72
终点	DK16 + 240	0	0	369.70	369.70

测设要素				备注
i_1	+0.2%			
i_2	-0.2%			
R	10000m	略图		
转折角 α	0°17′11.3″			
T	25m			
L	50m			

复习思考题

1. 施工控制网有哪些特点？
2. 圆弧形建筑物如何放样？有哪些方法？
3. 用偏角法如何测设圆曲线？试叙述其测设步骤。
4. 试说明工业厂房柱子的安装测量方法。
5. 建筑物的变形观测有哪些项目？在沉降观测中，高程基准点的设置应注意哪些问题？
6. 为什么要进行竣工测量？竣工测量应提交的成果有哪些？

第 八 章

工程测量常用技术标准与测绘管理

◆◆◆ 第一节　测绘标准概述

一、标准的基本知识

标准是标准化活动的成果，是标准化系统中最基本的要素，也是标准化学科中最基本的术语和概念。标准是为在一定范围内获得最佳秩序，对活动或其结果规定共同的和重复使用的规则、导则或者特性的文件。它以科学、技术和实践经验的综合成果为基础，以获得最佳秩序、促进最佳社会效益为目的，经有关方面协商一致，由主管机构批准，以特定形式发布，作为共同遵守的准则和依据。

1986 年国际标准化组织发布的 ISO 第 2 号指南中提出的定义为"标准是得到一致（绝大多数）同意，并经标准化团体批准，作为工作或者工作成果的衡量准则、规则或特性要求，供（有关各方）共同重复使用的文件，目的是在给定范围内达到最佳有序化程度。"

依据《中华人民共和国标准化法》的规定，国家标准、行业标准均可分为强制性和推荐性两种属性的标准。保障人体健康，人身、财产安全的标准，以及法律、行政法规规定强制执行的标准是强制性标准；其他标准是推荐性标准。省、自治区、直辖市标准化行政主管部门制定的工业产品安全、卫生要求的地方标准，在本地区内是强制性标准。

强制性标准是由法律规定必须遵照执行的标准。强制性标准以外的标准是推荐性标准，也称为非强制性标准。推荐性国家标准的代号为"GB/T"，强制性国家标准的代号为"GB"。行业标准中的推荐性标准也是在行业标准代号后加"/T"，如"JB/T"就是机械行业推荐性标准；不加"/T"即为强制性行业标准。

二、标准的层级

按照标准所起的作用和涉及的范围，可分为国际标准、区域标准、国家标准、行业标准、地方标准和企业标准等不同层次和级别。

按照标准化法的规定，我国通常将标准划分为国家标准、行业标准、地方标准和企业标准 4 个层次。各层次间有一定的依从关系和内在联系，形成一个覆盖全国且层次分明的标准体系。

国际标准是由国际标准化组织或其他国际标准组织通过并公开发布的标准。目前，主要的国际标准是由国际标准化组织（ISO）、国际电工委员会（IEC）、国际电信联盟（ITU）批准和发布的。国际计量局（BIPM）、国际食品法典委员会（CAC）、世界卫生组织（WHO）等是被 ISO 认可并列入《国际标准题内关键词索引》的一些国际组织，其制定、发布的标准也是国际标准。根据《中华人民共和国标准化法》的规定，我国积极鼓励采用国际标准。

区域标准是由某一区域标准化组织或区域标准组织通过并公开发布的标准。如非洲地区标准化组织（ARSO）发布的非洲地区标准（ARS）、欧洲标准化委员会（CEN）发布的欧洲标准（EN）等都是区域标准。

国家标准是由国家标准机构通过并公开发布的标准。对需要在全国范围内统一的技术要求，应当制定国家标准。国家标准由国务院标准化行政主管部门编制计划和组织草拟，并统一审批、编号、发布。国家标准的代号为"GB"，其含义是"国标"两个字汉语拼音的第一个字母"G"和"B"的组合。目前，我国国家标准由国家质量监督检验检疫总局和国家标准化管理委员会联合发布。

行业标准是由行业标准化团体或机构通过并发布的标准，主要是在某行业的范围内统一实施，又称为团体标准。对没有国家标准又需要在全国某个行业范围内统一的技术要求，可以制定行业标准，作为对国家标准的补充，当相应的国家标准实施后，该行业标准自行废止。

地方标准是在国家的某个地区通过并公开发布的标准。一般对没有国家标准和行业标准而又需要在省、自治区、直辖市范围内统一的一些要求，可以制定地方标准。其代号为"DB"，其含义是"地标"两个字汉语拼音的第一个字母"D"和"B"的组合。

企业标准是对企业范围内需要协调、统一的技术要求，管理要求和工作要求所制定的标准。企业标准的要求在我国是最高的，其次是地方标准，接着是行业标准，最后是国家标准。

为适应某些领域标准快速发展和快速变化的需要，我国在 1998 年规定的四级标准之外，增加了一种"国家标准化指导性技术文件"，作为对国家标准的补充，其代号为"GB/Z"。

另外，为了便于在执行标准条文时有所区别及抓住重点，各种标准中的用词要严格考究，达到准确合理的程度。表示很严格，非这样做的用词：正面词采用"必须"，反面词采用"严禁"；表示严格，在正常情况下应这样做的用词：正面词采用"应"，反面词采用"不应"或"不得"；表示允许稍有选择，在条件许可时首先这样做的用词：正面词采用"宜"，反面词采用"不宜"；表示有选择，在一定条件在可这样做的用词：正面词采用"可"，反面词采用"不可"。

三、测绘标准的概念和特征

1. 测绘标准的概念

测绘标准是针对性很强的技术标准；具体是指对测绘活动的过程、成果、产品、服务等，针对一定范围内需要统一的技术要求、规格格式、精度指标、管理程序，从设计、生产、检验、应用等方面所制定的需要共同遵守的规定。测绘标准包括国家标准、行业标准、地方标准和标准化指导性技术文件。

2. 测绘标准的特征

（1）科学性　任何一种测绘标准都是运用科学理论和科学方法并在长期科学实践的基础上提出的概念性规则和规定，这既符合常规测绘生产的需要，又兼顾测绘新技术的应用与发展并被大家遵守，因而测绘标准具有科学性。

（2）实用性　测绘标准是测绘活动必须遵守的规则，因而测绘标准必须具有实用性，才能被普遍遵守，实用性是测绘标准的基本特性。

（3）权威性　测绘标准的立项、制定由国务院测绘行政主管部门或者标准化机构组织实施。测绘标准的发布严格按照国家法定程序进行，测绘标准的内容严格按照相关学科或者专业理论进行延伸和推广，因此测绘标准一经发布便具有权威性。

（4）法定性　《中华人民共和国标准化法》《中华人民共和国标准化法实施条例》及《中华人民共和国测绘法》等法律法规都明确规定了测绘标准，并要求严格执行，因而使测绘标准具有法定性。

（5）协调性　不同的测绘标准涉及工序不同、专业不同，而测绘成果具有兼容性、协调性，必然使测绘标准要具有协调性，各相关测绘标准必须保持协调一致，才能被各个专业共同遵守。

四、测绘标准的发布

按照《测绘标准化工作管理办法》，属于测绘国家标准和国家标准化指导性技术文件的，报国务院标准化行政主管部门批准、编号、发布；属于测绘行业标准和行业标准化指导性技术文件的，由国家测绘地理信息局批准、编号、发布。

测绘行业标准和行业标准化指导性技术文件的编号由行业标准代号、标准发布的顺序号及标准发布的年号构成。

1）强制性国家标准编号：GB×××（顺序号）—×××（发布年号）。

2）强制性测绘行业标准编号：CH×××（顺序号）—×××（发布年号）。

3）推荐性测绘行业标准编号：CH/T×××（顺序号）—×××（发布年号）。

4）测绘行业标准化指导性技术文件编号：CH/Z×××（顺序号）—×××（发布年号）。

◇◇◇ 第二节　工程测量常用技术标准

一、《工程测量规范》（GB 50026—2007）

工程测量规范是测绘工作者常用的作业指导文件。在《测量放线工（中级）》第十一章中已经就规范的整体结构、内容和日常主要应用的部分内容进行了介绍。这里就本书涉及的主要内容再进行深入介绍。

1. 平面控制测量

平面控制网的建立，可采用卫星定位测量、导线测量、三角形网测量等方法。平面控制测量当前一般是选用 GPS 测量完成，其主要技术规定见表8-1、8-2。

表8-1　卫星定位测量控制网的主要技术要求

等级	平均边长/km	固定误差 A/mm	比例误差系数 B/（mm/km）	约束点间的边长相对中误差	约束平差后最弱边相对中误差
二等	9	≤10	≤2	≤1/250000	≤1/120000
三等	4.5	≤10	≤5	≤1/150000	≤1/170000
四等	2	≤10	≤10	≤1/100000	≤1/40000
一级	1	≤10	≤20	≤1/40000	≤1/20000
二级	0.5	≤10	≤40	≤1/20000	≤1/10000

表 8-2　GPS 控制测量作业的基本技术要求

等级		二等	三等	四等	一级	二级
接收机类型		双频	双频或单频	双频或单频	双频或单频	双频或单频
仪器标称精度		10mm + 2ppm	10mm + 5ppm	10mm + 5ppm	10mm + 5ppm	10mm + 5ppm
观测量		载波相位	载波相位	载波相位	载波相位	载波相位
卫星高度角/（°）	静态	≥15	≥15	≥15	≥15	≥15
	快速静态	—	—	—	≥15	≥15
有效观测卫星数	静态	≥5	≥5	≥4	≥4	≥4
	快速静态	—	—	—	≥5	≥5
观测时段长度/min	静态	30 ~ 90	20 ~ 60	15 ~ 45	10 ~ 30	10 ~ 30
	快速静态	—	—	—	10 ~ 15	10 ~ 15
数据采样间隔/s	静态	10 ~ 30	10 ~ 30	10 ~ 30	10 ~ 30	10 ~ 30
	快速静态	—	—	—	5 ~ 15	5 ~ 15
点位几何图形强度因子 PDOP		≤6	≤6	≤6	≤8	≤8

注：当采用双频接收机进行快速静态测量时，观测时段长度可缩短为 10min。

GPS 图根控制测量，宜采用 GPS – RTK 方法直接测定图根点的坐标和高程。GPS – RTK 方法的作业半径不宜超过 5km，对每个图根点均应进行同一参考站或不同参考站下的两次独立测量，其点位较差不应大于图上 0.1mm，高程较差不应大于基本等高距的 1/10。

2. 平面控制网的坐标系统选择

平面控制网的坐标系统选择是控制测量的关键问题之一，一般情况下在满足测区内投影长度变形不大于 2.5cm/km 的要求下，可以按以下方式选择：

1）采用统一的高斯投影 3°带平面直角坐标系统。

2）采用高斯投影 3°带，投影面为测区抵偿高程面或测区平均高程面的平面直角坐标系统；或任意带，投影面为 1985 国家高程基准面的平面直角坐标系统。

3）小测区或有特殊精度要求的控制网，可采用独立坐标系统。

4）在已有平面控制网的地区，可沿用原有的坐标系统。

5）厂区内可采用建筑坐标系统。

3. 高程测量

五等及普通水准测量可采用 GPS 拟合高程测量替代。GPS 拟合高程测量的主要技术要求，应符合下列规定：

1）GPS 网应与四等或四等以上的水准点联测。联测的 GPS 点应均匀分布在测区四周和测区中心。若测区为带状地形，则应分布于测区两端及中部。

2）联测点数宜多于选用计算模型中未知参数数量的 1.5 倍，点间距宜小于 10km。

3）地形高差变化较大的地区，应适当增加联测点数。

4）地形趋势变化明显的大面积测区，宜采取分区拟合的方法。

5）GPS 观测的技术要求，应按表 8-2 的规定执行；其天线高度应在观测前后各量测一次，取其平均值作为最终高度。

4. GPS 拟合高程计算

GPS 拟合高程计算，应符合下列规定：

1）充分利用当地的重力大地水准面模型或资料。

2）应对联测的已知高程点进行可靠性检验，并剔除不合格点。

3）对于地形平坦的小测区，可采用平面拟合模型；对于地形起伏较大的大面积测区，宜采用曲面拟合模型。

4）对拟合高程模型应进行优化。

5）GPS 点的高程计算，不宜超出拟合高程模型所覆盖的范围。

对 GPS 点的拟合高程成果，应进行检验。检测点数，不少于全部高程点的 10% 且不少于 3 个点；高差检验，可采用相应等级的水准测量方法或电磁波测距三角高程测量方法进行，其高差较差不应大于 $30\sqrt{D}$ [D 为参考站到检查点的距离（km）]。

5. GPS – RTK 测量作业

GPS – RTK 无论是在地形测量、施工测量放线还是在管线测量、竣工测量等方面都有十分广泛的应用，这里就 GPS – RTK 作业的基本要求阐述如下：

1）准备工作。作业前，应搜集下列资料：

① 测区的控制点成果及 GPS 测量资料。

② 测区的坐标系统和高程基准的参数，包括参考椭球参数，中央子午线经度，纵、横坐标的加常数，投影面正常高，平均高程异常等。

③ WGS – 84 坐标系与测区地方坐标系的转换参数，以及 WGS – 84 坐标系的大地高基准与测区的地方高程基准的转换参数。

2）转换关系的建立，应符合下列规定：

① 基准转换，可采用重合点求定参数（七参数或三参数）的方法进行。

② 坐标转换参数和高程转换参数的确定宜分别进行；坐标转换位置基准应一致，重合点的数量不少于四个，且应分布在测区的周边和中部；高程转换可采用拟合高程测量的方法，按《工程测量规范》（GB 50026—2007）第 4.4 节的有关规定执行。

③ 坐标转换参数也可直接应用测区 GPS 网二维约束平差所计算的参数。

④ 对于面积较大的测区，需要分区求解转换参数时，相邻分区应不少于 2 个重合点。

⑤ 转换参数宜采取多种点组合方式分别计算，再进行优选。

3）转换参数的应用，应符合下列规定：

① 其应用范围，不应超越原转换参数的计算所覆盖的范围。

② 使用前，应对转换参数的精度、可靠性进行分析和实测检查。检查点应分布在测区的中部和边缘。检测结果，平面较差不应大于 5cm，高程较差不应大于 $30\sqrt{D}$mm［D 为参考站到检查点的距离（km）］；超限时，应分析原因并重新建立转换关系。

③ 对于地形趋势变化明显的大面积测区，应绘制高程异常等值线图，分析高程异常的变化趋势是否同测区的地形变化相一致。当局部差异较大时，应加强检查，超限时应进一步精确求定高程拟合方程。

4）参考站点位的选择，应符合下列规定：

① 应根据测区面积、地形地貌和数据链的通信覆盖范围，均匀布设参考站。

② 参考站站点的地势应相对较高，周围无高度角超过 15° 的障碍物和强烈干扰接收卫星信号或反射卫星信号的物体。

③ 参考站的有效作业半径不应超过 10km。

5）参考站的设置，应符合下列规定：

① 接收机天线应精确对中、整平。对中误差不应大于 5mm；天线高的量取应精确至 1mm。

② 正确连接天线电缆、电源电缆和通信电缆等；接收机天线与电台天线之间的距离不应小于 3m。

③ 正确输入参考站的相关数据，包括点名、坐标、高程、天线高、基准参数、坐标高程转换参数等。

④ 电台频率的选择，不应与作业区其他无线电通信频率相冲突。

6）流动站的作业，应符合下列规定：

① 流动站作业的有效卫星数不宜少于 5 个，PDOP 值应小于 6，并应采用固定解成果。

② 正确设置和选择测量模式、基准参数、转换参数和数据链的通信频率等，其设置应与参考站相一致。

③ 流动站的初始化应在比较开阔的地点进行，并应避开水域、建（构）筑物等造成的多路径影响。

④ 作业前，宜检测两个以上不低于图根精度的已知点。检测结果与已知成果的平面较差不应大于图上 0.2mm，高程较差不应大于 1/5 基本等高距。

二、建筑变形测量规范（JGJ 8—2007）

在《测量放线工（中级）》第十一章中已经介绍了关于变形监测的基本内

容，这里就《建筑变形测量规范》（JGJ 8—2007）的主要内容再进行详细的介绍。

1）变形监测的等级划分及精度要求应符合表8-3的规定。

表8-3 变形监测的等级划分及精度要求

等级	垂直位移监测		水平位移监测	适用范围
	变形监测点的高程中误差/mm	相邻变形监测点的高差中误差/mm	变形监测点的点位中误差/mm	
一等	0.3	0.1	1.5	变形特别敏感的高层建筑、高耸构筑物、工业建筑、重要古建筑、大型坝体、精密工程设施、特大型桥梁、大型直立岩体、大型坝区地壳变形监测等
二等	0.5	0.3	3.0	变形比较敏感的高层建筑、高耸构筑物、工业建筑、古建筑、特大型和大型桥梁、大中型坝体、直立岩体、高边坡、重要工程设施、重大地下工程、危害性较大的滑坡监测等
三等	1.0	0.5	6.0	一般性高层建筑、多层建筑、工业建筑、高耸构筑物、直立岩体、高边坡、深基坑、一般地下工程、危害性一般的滑坡监测、大型桥梁等
四等	2.0	1.0	12.0	观测精度要求较低的建（构）筑物、普通滑坡监测、中小型桥梁等

注：1. 变形观测点的高程中误差和点位中误差，是指相对于邻近基准点的中误差。

2. 特定方向的位移中误差，可取表中相应等级点位中误差的 $1/\sqrt{2}$ 作为限值。

3. 垂直位移监测，可根据需要按变形观测点的高程中误差或相邻变形观测点的高差中误差，确定监测准确度等级。

2）建筑的变形监测项目，应根据工程需要按表8-4进行选择。拟建建筑场地的沉降观测，应在建筑施工前进行；变形观测可采用四等监测精度，点位间距宜为 30~50m。基坑的变形监测，应符合下列规定：

① 基坑变形监测的精度，不宜低于三等。

② 变形观测点的点位，应根据工程规模、基坑深度、支护结构和支护设计要求合理布设。普通建筑基坑，变形观测点点位宜布设在基坑的顶部周边，点位

间距以 10～20m 为宜；有较高安全监测要求的基坑，变形观测点点位宜布设在基坑侧壁的顶部和中部，变形比较敏感的部位，应加测关键断面或埋设应力和位移传感器。

③ 水平位移监测可采用极坐标法、交会法等，垂直位移监测可采用水准测量方法、电磁波测距三角高程测量方法等。

④ 基坑变形监测周期，根据施工进程确定。当开挖速度或降水速度较快引起变形速率较大时，应增加观测次数；当变形量接近预警值或有事故征兆时，应持续观测。

⑤ 基坑开挖至回填结束前或在基坑降水期间，还应对基坑边缘外围 1～2 倍的基坑深度范围内或受影响的区域内的建（构）筑物、地下管线、道路、地面等进行变形监测。

表 8-4　建筑的变形监测项目

项目			主要监测内容		备注
场地			垂直位移		建筑施工前
基坑	支护边坡	不降水	垂直位移		回填前
			水平位移		
		降水	垂直位移		降水期
			水平位移		
			地下水位		
	地基		基坑回弹		基坑开挖期
			分层地基土沉降		主体施工期、竣工初期
			地下水位		降水期
建筑物	基础变形		基础沉降		主体施工期、竣工初期
			基础倾斜		
	主体变形		水平位移		竣工初期
			主体倾斜		
			建筑裂缝		发现裂缝初期
			日照变形		竣工后

3）基坑回弹观测，应符合下列规定：

① 回弹变形观测点，宜布设在基坑中心和其纵、横轴线上能反映回弹特征的位置；轴线上距离基坑边缘外的 2 倍坑深处，也应设置回弹变形观测点。

② 观测标志，应埋入基底面下 10～20cm，其钻孔必须垂直，并设置保护管。

③ 基坑回弹变形观测的准确度等级宜采用三等精度。

④ 回弹变形观测点的高程，宜采用水准测量方法，并在基坑开挖前后及浇筑基础前各测定 1 次。对传递高程的辅助设备，应进行温度、尺长和拉力等修正。

4）分层垂直位移观测。重要的高层建筑或大型工业建（构）筑物，应根据工程需要或设计要求，进行地基土的分层垂直位移观测，并符合下列规定：

① 地基土分层垂直位移观测点位，应布设在建（构）筑物的地基中心附近。

② 观测标志埋设的深度，最浅层应埋设在基础底面下 50cm，最深层应超过理论上的压缩层厚度。

③ 观测标志应由内管和保护管组成，内管顶部设置半球状的立尺标志。

④ 地基土的分层垂直位移观测宜采用三等精度，且应在基础浇筑前开始，观测的周期要符合规范的规定。

5）地下水位监测，应符合下列规定：

① 监测孔（井）的布设应考虑施工区至河流（湖、海）的距离，施工区地下水位、周边水域水位等因素。

② 监测孔（井），可自行修建（钻孔加井管），也可直接利用区域内的水井。

③ 水位量测宜与沉降观测同步，不得少于沉降观测的次数。

6）水平位移测量。工业与民用建（构）筑物的水平位移测量，应符合下列规定：

① 水平位移变形观测点，应布设在建（构）筑物的主要墙角、柱基及建筑沉降缝的顶部和底部，当有裂缝时还应布设在裂缝的两边。大型构筑物的顶部、中部和下部都要布设观测点。

② 观测标志宜采用反射棱镜、反射片、照准觇牌或变径垂直照准杆。

③ 水平位移观测周期，应根据工程需要和场地的工程地质条件综合确定。

7）建（构）筑物沉降观测。工业与民用建（构）筑物的沉降观测，应符合下列规定：

① 沉降观测点应布设在建（构）筑物的以下部位：建（构）筑物的主要墙角及沿外墙每 10～15m 处或每隔 2～3 根柱基上；沉降缝、伸缩缝、新旧建（构）筑物或高低建（构）筑物接壤处的两侧；人工地基和天然地基接壤处，建（构）筑物不同结构分界处的两侧；烟囱、水塔和大型储藏罐等高耸构筑物基础轴线的对称部位，且每一构筑物不得少于 4 个点；基础底板的四角和中部；当建（构）筑物出现裂缝时，布设在裂缝两侧。

② 沉降观测标志应稳固埋设，高度以高于室内地坪 0.2～0.5m 为宜。对于建筑立面后期有贴面装饰的建（构）筑物，宜预埋螺栓式活动标志。

③ 高层建筑施工期间的沉降观测周期，应每增加 1～2 层观测 1 次；建筑物封顶后，应每 3 个月观测一次，观测一年。如果两个观测周期的平均沉降速率小于 0.02mm／日，可认为整体趋于稳定；如果各点的沉降速率均小于 0.02mm／日，即可终止观测，否则应继续每 3 个月观测一次，直至建筑物稳定为止。工业厂房或多层民用建筑的沉降观测总次数，不应少于 5 次。竣工后的观测周期，可根据建（构）筑物的稳定情况确定。

8）倾斜观测。建（构）筑物的主体倾斜观测，应符合下列规定：

① 整体倾斜观测点，宜布设在建（构）筑物竖轴线或其平行线的顶部和底部，分层倾斜观测点宜分层布设高低点。

② 观测标志，可采用固定标志、反射片或建（构）筑物的特征点。

③ 观测精度，宜采用三等水平位移观测精度。

④ 观测方法，可采用经纬仪投点法、前方交会法、正垂线法、激光准直法、差异沉降法、倾斜仪测记法等。

9）建筑裂缝观测。当建（构）筑物出现裂缝且裂缝不断发展时，应进行建筑裂缝观测。裂缝观测一般采用裂缝测宽仪或电子游标卡尺，如有需要应测量裂缝的深度和长度。

10）日照变形观测。当建（构）筑物因日照引起的变形较大或工程需要时，应进行日照变形观测，且符合下列规定：

① 变形观测点，宜设置在监测体受热面不同的高度处。

② 日照变形的观测时间，宜选在夏季的高温天气进行。一般观测项目可在白天观测，从日出前开始进行定时观测，至日落后停止。

③ 在每次观测的同时，应测出监测体向阳面与背阳面的温度，并测定即时的风速、风向和日照强度。

④ 观测方法，应根据日照变形的特点、精度要求、变形速率，以及建（构）筑物的安全性等指标确定，可采用交会法、极坐标法、激光准直法、正倒垂线法等测量方法。

◇◇◇ 第三节　测绘管理

一、测绘法律法规概述

1. 我国测绘基本法律制度

《中华人民共和国测绘法》（以下简称《测绘法》）是我国从事测绘活动和进行测绘管理的基本法律，是制定测绘行政法规、部门规章及规范性文件的主要依据。《测绘法》所确定的基本法律制度可划分为测绘管理体制、测绘活动主体资质与权力保障制度、测绘项目与测绘市场制度、测绘基准制度、维护国家安全和主权的测绘管理制度、测绘公共项目管理制度、维护不动产权益的测绘管理制度、促进地理信息共享制度、测绘公共设施保护制度等。

（1）测绘管理体制　《测绘法》规定：测绘事业是经济建设、国防建设、社会发展的基础性事业，各级人民政府都应当加强对测绘工作的领导。根据该条例规定，国务院、省（自治区、直辖市）人民政府、市人民政府、县人民政府，以及乡镇人民政府都应当加强对测绘工作的领导。《测绘法》还规定：国务院测绘行政主管部门负责全国测绘工作的统一监督管理；县级以上地方人民政府负责本行政区域测绘工作的统一管理；军队测绘主管部门负责管理军事部门的测绘工作，并按照国务院、中央军事委员会规定的职责分工负责管理海洋基础测绘工作。

（2）测绘活动主体资质与权力保障制度　《测绘法》规定：国家对从事测绘活动的单位实行测绘资质管理制度；国务院行政主管部门和省、自治区、直辖市人民政府测绘行政主管部门按照各自的职责负责测绘资质审查、发放资质证书，具体办法由国务院行政主管部门及国务院其他有关部门规定；军队测绘主管部门负责军事测绘单位的测绘资质审查；测绘单位不得超越其资质等级许可的范围从事测绘活动或者以其他单位的名义从事测绘活动，并不得允许其他单位以本单位的名义从事测绘活动。根据这些规定，测绘单位应当申请领取测绘资质证书，测绘行政主管部门应当对测绘单位进行测绘资质审查和发放测绘资质证书，对未取得测绘资质证书从事测绘活动的应当予以处罚。

《测绘法》还规定：从事测绘活动的专业技术人员应当具备相应的执业资格条件，具体办法由国务院测绘行政主管部门会同国务院人事行政主管部门规定；测绘人员进行测绘活动时，应当持有测绘作业证件；任何单位和个人不得妨碍、阻挠测绘人员依法进行测绘活动。根据这些规定，测绘专业技术人员应当申请取得测绘执业资格，未取得测绘执业资格从事测绘活动的应当受到处罚。

（3）测绘项目承发包制度　《测绘法》规定：测绘项目实行承发包的，项目发包单位不得向不具有相应测绘资质等级的单位发包或者迫使测绘单位以低于测绘成本承包，测绘单位不得将承包的测绘项目转包。根据该规定，测绘项目承包和发包的当事人应当依法进行承发包活动，测绘行政主管部门应当对测绘项目承发包活动进行监督，依法查处违法行为。

（4）测绘基准制度　《测绘法》规定：国家设立和采用全国统一的大地基准、高程基准、深度基准和重力基准，其数据由国务院行政主管部门审核，并与其他有关部门、军队测绘主管部门会商后，报国务院批准；国家建立统一的大地坐标系统、平面坐标系统、高程系统、地心坐标系统和重力测量系统；因建设、城市规划和科学研究的需要，大城市和国家重大工程项目确需建立相对独立的平面坐标系统的，由国务院测绘行政主管部门批准，其他确需建立相对独立的平面坐标系统的，由省、自治区、直辖市人民政府测绘行政主管部门批准；建立相对独立的平面坐标系统，应与国家坐标系统相联系；不经过批准私自建立的，将受到处罚。

《测绘法》还规定：在不妨碍国家安全的情况下，确有必要采用国际坐标系统的，必须经国务院测绘行政主管部门会同军队测绘主管部门批准，否则将受到处罚。

（5）基础测绘制度　《测绘法》规定：基础测绘是公益性事业，国家对基础测绘实行分级管理；国务院测绘行政主管部门会同国务院其他有关部门、军队测绘主管部门组织编制全国基础测绘规划，报国务院批准后实施；县级以上地方人民政府测绘行政主管部门会同本级人民政府其他有关部门根据国家和上一级人民政府的基础测绘规划及本行政区域内的实际情况，组织编制本行政区域的基础测绘规划，报本级人民政府批准，并报上一级测绘行政主管部门备案后组织实施。

《测绘法》还规定：国务院发展计划主管部门会同国务院测绘行政主管部门，根据全国基础测绘规划，编制全国基础测绘年度计划；县级以上人民政府应当将基础测绘纳入本级国民经济和社会发展年度计划及财政预算；基础测绘成果应定期进行更新，国民经济、国防建设和社会发展急需的基础测绘成果应及时更新，更新周期根据不同地区国民经济和社会发展的需要确定。

（6）维护国家安全和权益制度　《测绘法》规定：外国的组织或个人在中华人民共和国领域和管辖的其他海域从事测绘活动，必须经国务院测绘行政主管部门会同军队测绘行政主管部门批准，并遵守中华人民共和国的有关法律、行政法规的规定；外国的组织或者个人在中华人民共和国领域从事测绘活动，必须与中华人民共和国有关部门或者单位依法采取合资、合作的形式，并不得涉及国家秘密和危害国家安全。

《测绘法》还规定：测绘成果保管单位应当采取措施保障测绘成果的完整和安全，并按照国家有关规定向社会公开和提供利用；测绘成果属于国家秘密的，适用国家保密法律、行政法规的规定；需要对外提供的，按照国务院和中央军事委员会规定的审批程序执行；各级人民政府应当加强对编制、印刷、出版、展示、登载地图的管理，保证地图质量，维护国家主权、安全和利益，具体办法由国务院规定。

2. 相关法律法规

在日常的测绘生产活动中，有些法律法规也是测绘工作者需要了解与掌握的，主要包括《中华人民共和国行政许可法》《中华人民共和国招标投标法》、

《中华人民共和国反不正当竞争法》《中华人民共和国合同法》《中华人民共和国标准化法》《中华人民共和国计量法》《中华人民共和国保守国家秘密法》、《中华人民共和国物权法》《中华人民共和国土地管理法》《中华人民共和国城市房地产管理法》和《行政区域界线管理条例》等。

二、测绘管理

测绘管理主要包括合同管理，项目管理、仪器、设备及人员管理，成果管理等。合同管理包括测绘项目的质量技术要求，仪器、设备及人员要求，法律法规要求，工期及工程量，费用及结算方式等内容；项目管理包括项目策划、项目技术设计、项目组织安排、项目实施与质量控制、项目测绘技术总结、项目产品成果整理、项目检查验收等内容；仪器、设备及人员管理包括仪器、设备的检校与精度认定，仪器、设备的安全使用，测绘人员的从业资格认定，测绘人员的安全操作等内容；成果管理包括成果质量、成果汇交、成果保管、成果保密管理、成果提供利用、地图管理等内容。下面分别介绍合同管理、项目管理和成果管理的有关知识。

1. 合同管理

合同管理作为测绘管理的重要一项，受到越来越多的重视。

（1）合同管理的目标和任务　合同管理的目标就是让合同的作用发挥得更好，从而提高对测绘管理目标的保障程度。合同管理是测绘管理的核心内容之一，其工作贯穿于管理的全过程。测绘合同管理任务是相当复杂和繁重的，主要有：

1）建立测绘合同管理体系。测绘合同管理体系用以保证测绘项目实施过程中的一切日常性事务工作有序进行，使项目的进展处于合同控制中，保证测绘工程成果的目标实现。

2）制订测绘合同管理办法，建立合同管理程序及审查批准制度。

3）依据合同跟踪管理。全过程跟踪测绘合同的执行情况，按照动态管理原则对测绘项目实施全面的监督、控制和调整，努力实现测绘合同规定的各项目标。

4）进行测绘合同变更管理。控制和处理测绘合同变更，做好变更谈判，落实变更措施，修改变更的相关材料。

5）建立测绘合同档案。加强测绘合同信息管理，做好各类信息的记录、搜集、整理和分析工作。

（2）合同管理主要内容

1）合同评审。通过合同评审避免合同内容对承包方存在制约的不利因素，以便于项目验收和款项结算，追求较高的资金回收率，降低风险。评审的内容一一般包括质量技术要求、人力资源保障、法律法规要求、工程量、产品交付数量和期限、价款和结算方式、设备保障服务等。

质量技术要求主要针对测绘合同中执行的技术标准，如地形图测量执行的技术标准在合同中一般都有明确规定。根据《中华人民共和国合同法》《中华人民共和国测绘法》和有关法律法规来签订测绘合同。部分合同还需依据其他法律法规，如与规划部门签订地形图测绘合同需依据《中华人民共和国规划法》，与土地管理部门签订地籍合同需依据《中华人民共和国土地管理法》等。工程量主要针对测绘合同规定的工程量是否与资质相符，避免超出资质范围的作业。一般测绘合同签订后，工期都非常紧张，因此要科学评价、客观评审，必要时应加强与甲方的沟通，确保产品质量。

对承包方来说，价款和结算方式是测绘合同的重中之重。测绘合同行使的最终目的是产生效益，如果没有效益，一味盲干，最终只会入不敷出。测绘合同价款一般参照《测绘工程产品价格》执行，结算方式一般采用3∶3∶3∶1模式，即测绘队伍进场支付30%，测绘外业完成支付30%，测绘工程通过验收支付30%，资料完善并提交成果后支付剩下的10%。

设备保障服务主要针对单位现有设备调拨是否能够达到测绘工程的要求，包括静态GPS、动态GPS、全站仪、水准仪、计算机、绘图仪、打印机、测绘专业软件等配备情况是否符合要求。

2）合同分析。测绘合同签订后，为了使工程按计划、有秩序地实施，必须将合同目标、要求、双方具体权利义务分解落实到具体的工程上。测绘合同对工程作业的内容和进度进行了详细的约定，进行合同分析有助于经济合理地实现合同目的。合同分析的主要对象是合同协议书、合同条款、作业范围、技术规范、工程量等。分析的重点是甲乙双方的责任和权利，以及具体工期目标的分解。由于实际工程的复杂性，在测绘合同的签订和履行过程中经常会出现一些特殊问题，这就需要请工程、法律方面的专家进行拓展分析。对于特殊问题的拓展分析一般是依据合同解释和工程惯例提炼出合同双方的真实意图来处理和解决问题。

测绘项目的完成需要甲乙双方共同协作及努力，双方应尽的义务必须在合同中予以明确陈述。甲方应尽义务主要包括：向乙方提供该测绘项目相关的资料；完成对乙方提交的技术设计书的审定工作；保证乙方的测绘队伍顺利进场工作，并对乙方工作人员的生活、工作提供必要的条件；保证工程款按时到位；允许乙方内部使用执行本合同所生产的测绘成果等。乙方的义务主要包括：根据甲方的有关资料和本合同的技术要求完成技术设计书的编制，并交甲方审定；组织测绘队伍进场作业；根据技术设计书的要求确保测绘项目如期完成；允许甲方内部使用乙方为执行本合同所提供的属乙方所有的测绘成果；未经甲方允许，乙方不得将本合同标的全部或部分转包给第三方等。

3）责任落实。合同责任落实就是把测绘合同对质量、安全、工期的细分落实到经营管理人员、工程技术人员、财务人员等身上。做好合同责任落实，主要包括以下几个方面：

① 将测绘合同中规定的义务分解到项目部、作业组，包括任务单、测绘范围、设备配置等内容。重点对工程的质量、技术要求、工期要求进行说明，同时强调完不成合同要求的影响和法律后果，以起到警示和督促作用。

② 在测绘合同实施开展前做好与委托方、监理方的沟通，召开协调会议，落实各种安排。

③ 对项目部、作业组通过经济责任制的形式进行约束，将实现合同目标与项目部、作业组的经济利益挂钩，保证最终成果按时提交。

4）合同控制。合同控制是指合同管理部门为保证合同所约定的各项义务的全面完成及责、权、利的实现，以合同分析的内容为基准，对整个合同实施过程进行全面监督、检查、对比、纠正的管理活动。合同控制包括合同监督、合同跟踪、合同诊断与评价、合同变更和合同归档等内容。

测绘合同管理人员与项目部人员一起检查合同实施计划的落实情况，为作业组的工作提供必要的保证。对照测绘合同要求的数量、质量、技术标准和工程进度，认真检查核对，发现问题及时采取措施。对项目部和作业组进行指导，经常沟通，使项目部和作业组都有全局观念，对工程中发现的问题及时提出意见、建议和警告。对于委托方、承包方、监理方之间出现的争议，合同管理人员必须及时作出判断和调整，确保工作顺利开展。对于工程开展后期可能出现的影响工程施工，造成合同价格上升，工期延长等情况进行预测，并及时通知委托方和监理方。

做好对委托方的跟踪管理，委托方必须及时履行合同责任，及时提供测绘施工条件并支付工程款。每项工作要预先通知，让委托方提早准备，建立良好的合作关系，保证工程顺利实施。做好对项目部、作业组的跟踪管理，对照不同阶段，核实该阶段应完成的工程量、应完成的质量、所用的工作时间，以及相关费用支出等情况。发现实际与计划存在较大偏差时，要进行进一步的分析，找出偏差的原因和责任，然后设法纠正。合同跟踪不是一时一事，而是一项长期工作，贯穿于整个施工过程中，以便于发现问题并及早采取措施，把握主动权，避免损失。

合同诊断是对合同执行情况进行判断和趋向分析、预测。合同管理偏重于经验，只有不断总结经验，才能提高管理水平，所以在合同执行后必须进行合同评价，总结合同签订和执行过程中的利弊得失、经验教训，作为以后合同管理的借鉴。合同评价一般包括签订情况、执行情况、管理工作、合同条款分析评价等内容。

由于工程变更对工程施工过程影响很大，会造成工期的拖延和费用的增加，容易引起双方的争执，所以要十分重视工程变更的管理问题。在测绘合同中一般以条款的形式为工程变更预留前提，例如"本合同未尽事宜，经双方协商一致，签订补充协议，补充协议与本合同具有同等效力"。对于合同变更要及时进行书面确认和必要的备案，包括签订补充协议。总之，只有合同变更得到迅速落实和执行，合同控制才可能以最新的合同内容作为目标，这也是合同动态管理的要求。

测绘合同是工程质量的客观反映，是评价工程质量的前提和基础，也是处理工程质量事故、合同纠纷等问题的重要依据，因此需要做好合同资料的收集、加工、储存、调用和输出，同时将所有资料分类建档保存，便于处理合同纠纷和结算时核对。

（3）合同管理注意事项　测绘合同管理是一项综合性的工作，能否实施有效管理把好合同关，是经营管理成败的一个重要因素。在测绘合同管理中应该注意以下事项：

1）严肃认真地对待测绘合同。合同一旦订立，当事人双方应当按照约定履行自己的义务，不得擅自变更或解除合同，合同的变更或撤销要依法按规定进行。

2）测绘合同条款必须清晰明了，不能含糊其辞，特别是不能出现歧义。

3）要依据合同认真施工。假如合同双方由于工程施工而产生任何争议，包括对委托方任何的意见决定或估价方面的争议，除非合同已被否认或中止，否则承包方应认真地继续进行工程施工。同时，要本着公平合理、实事求是的原则及时解决争议问题，协调好双方关系。

4）做好测绘合同风险管理。由于测绘市场的激烈竞争，承包工程的过程中风险极大，范围很广，因此测绘合同中应体现出有效防范和化解风险措施的条款。

从上面的介绍可以看出，合同管理是测绘管理的重要一环，只有认真做好每一个环节，才能整体提高管理水平。要结合国内测绘产业的行情，逐步完善测绘合同管理，并建立一套完整的测绘合同管理体系，缩小与发达国家的管理差距，为我国的经济建设发展作出贡献。

2. 项目管理

测绘项目管理是指测绘单位运用系统的观点，以测绘项目为对象开展的经营、生产、质量、定额、统计、财务、成本等一系列管理工作的总称。

（1）项目管理基本内容　项目管理主要包括3个阶段：项目前期准备、项目生产实施、成果验收提交；所涉及的内容包括项目策划、项目技术设计、项目组织安排、项目实施与质量控制、项目测绘技术总结、项目产品成果整理和项目检查验收等。

1）项目策划。根据业主方的要求，制定测绘项目的产品内容；根据测绘项目的内容、工期、技术、质量、安全生产等要求，分析组织需要投入的人员、设备等资源。

2）项目技术设计。按照测绘项目的要求，根据《测绘技术设计规定》（CH/T 1004—2005）及有关的技术规范、技术标准，制定项目设计书，提出各项精度指标。

3）项目组织安排。按照测绘项目的专业类别、性质、难度，以及有关人员的技术背景和工作安排等，根据项目实施流程，确定参加项目的各个工序技术和质量控制人员。

4）项目实施与质量控制。依据测绘项目要求，对各个专业技术设计书的执行进行指导和监督，选择测量方案，确定测量手段，督促检定测绘仪器，明确质量检查方法。

5）项目测绘技术总结。根据《测绘技术总结编写规定》（CH/T 1001—2005）及有关的技术规范、技术标准，撰写技术总结，内容包括工期、成果精度指标、取得的经验及需要说明的问题等；对技术问题的处理进行分析、评估、认定，明确结论。

6）项目产品成果整理。根据测绘项目的性质、周期及有关法规，进行地理信息数据安全风险评估，确定必要的数据备份、异地存放等防护措施，必要时制定信息安全预案。

7）项目检查验收。按照《测绘产品检查验收规定》（CH 1002—1995）及《测绘生产质量管理规定》的要求，实行两级检查一级验收，经质量检验部门检验合格后，对最终的测绘成果质量负责，按照合同约定提交完整的测绘成果。

（2）项目管理方法

1）组织与程序管理。项目管理首先要求测绘单位组建项目机构，即成立由项目经理负责，质量、技术负责人和测绘作业组等到位的测绘项目部，并建立项目部各岗位职责，做到责任到人。同样，建设单位、监理单位和质量监督单位也要有相应的机构和人员。建设单位或监理单位还要加强对测绘单位项目部的监督管理，以确保项目部人员始终有效到位。管理程序主要有项目备案、开工报告、竣工报告、质量监督、竣工验收等几个重要环节。建立项目会议制度，使测绘单位、建设单位、监理单位和质量监督单位有机会讨论问题，让质量和进度控制有空间。

2）计划管理。计划主要分为人员配置计划、进度计划、技术措施计划和投资计划等，可以通过项目技术设计和项目实施组织设计的制定、监督和管理来实现。

① 人员配置计划：重点将项目部各部门的组织关系和人员配置明确化，使人员安排具体化；同时，做好与人员计划配套的设备配置计划。② 进度计划：应按合同时间目标，根据项目配置的设备、人员、资金和实施环境条件等因素制定进度计划；若项目由多个测绘单位实施，还应由建设或监理单位编制总进度计划。③ 技术措施计划：技术措施要围绕合同约定的质量目标制定切合实际的技术组织措施，要有具体方法和细部描述，有定性和定量相结合的可操作性强的手段。④ 投资计划：内容单一的基础测绘项目，投资计划比较简单；而对地理信息系统建设等复杂项目的投资计划管理，应该重视。

3）质量管理。质量管理是项目管理的重点工作。首先，测绘单位应按考核合格的质量保证体系开展项目质量管理；其次，建设或监理单位需加强监督管理；最后，质量监督检验单位要将过程监督与最终监督相结合。具体可按以下几个方面开展工作：

测绘单位质量管理：项目部应按质量保证体系及《测绘产品检查验收规定》的规定，以二级检查制对项目质量进行过程检查和最终检查，并重视责任人签字。对仪器自动生成的测量数据记录和人工输入数据，都要严格检查。对于项目竣工资料必需经测绘单位质量部门认真检查符合要求后，才能提交给建设或监理单位，并提交质量监督单位进行最终检验。

建设或监理单位质量监督管理：重点是检查和监督测绘质量保证体系的运行，对重要环节和重要控制点严格把关。监理人员应严格控制监理程序：过程检查就是检查测绘质量记录，需要填写监理记录，并在需要监理人员签认的测绘质量记录中签字；当测绘单位提交项目竣工资料后，监理人员应该进行最终检验，出具监理报告，并在《测绘项目竣工报告》中签认。由建设单位委托监理单位实施专项技术监督检查，也是一种比较好的质量监督方法。

质量监督单位监督管理：质量监督单位要将产品质量监督改为项目质量监督，即在项目实施过程中，要将过程监督和最终监督相结合，对重要环节进行过程监督，为过程质量把关。

4）进度与合同管理。进度管理主要通过项目会议和项目检查来实现，同时用组织协调来控制。合同管理可借助于项目会议、项目款支付、质量目标监控，以及违约处理等方式来管理。

5）资料管理。资料管理应成为测绘项目管理的另一个重点，需抓标准、抓统一。首先，应设置行业规定或标准，对测绘项目所有涉及的资料进行统一规范，若暂时没有行业标准，可以由地方测绘行政主管部门或行业协会按当地需要制定。其次，设定常用测绘记录等资料标准格式。通用表示可以标准化，数据记录、资料打印可规定统一标准，自编资料有统一的编制模式，如规定资料必须有表格名称、责任人栏及签字、日期、页码、比例尺、项目名称、测绘单位名称等，这些要求对于标准化来讲是最基本的原则。最后，规定测绘项目竣工资料收集、编制、成册的方法和标准，如竣工资料应有封面及扉页，应加盖公章，有法定代表及技术负责人签字等。总之，资料管理就是要让项目有统一的资料内容及格式、编制方法和成册要求。就资料管理而言，测绘行政主管部门的监督管理和建设或监理单位的直接管理非常必要，这也是从外部促进测绘单位提高资料编制水平和项目管理水平的途径之一。

（3）项目管理建议　测绘单位在一个测绘项目实施前，必须做好可行性分析，对项目有关经济、社会等方面的条件和情况进行调查、研究分析，对各种可能的技术方案进行比较论证，并对项目完成后的经济和社会效益进行预测和评价，制定明确的项目目标。项目的成功与否，项目组的选择至关重要，对于较大的测绘项目，建议引进竞争机制来选择项目组，实行内部招标制，确定优秀项目组。项目负责人必须具备丰富的专业知识，懂管理，会做成本预（决）算，具备一定的组织能力。

做好测绘项目计划，加强监督监管是确保项目顺利完成的重要环节。项目组要在项目规划的前提下，制定详细的、分阶段的项目实施计划，并以最适当的详尽程度来描述计划，以指示项目执行。测绘单位要对项目设计、内部招标、资金使用情况、计划执行情况进行全程监督，对项目管理中各相关部门应履行的职能按照责任制进行落实，应采用动态控制理论对项目组进行监督监管，加强过程、阶段控制。对项目进展情况进行阶段检查，发现偏差太大的，要及时进行调整、纠正；对因弄虚作假、管理不善等原因造成的项目质量低劣、损失浪费的，要通报批评，并对相关责任人进行严厉处罚，通过强化过程监督监管，确保测绘项目的顺利实施。

加强项目质量控制，建议引进内部监理制。监理人员应具备相当丰富的业务知识和相当高的技术水平，最好由专门的质检人员担任。监理人员不直接参与项目的管理，只对项目的质量负责，负责整个项目的质量检查、指导，将质量问题消灭在萌芽状态。测绘单位要给项目管理人员提供学习扎实知识和本领的机会。现代测绘项目目标要得以顺利实现，还必须要通过员工之间的沟通、信任和理解，一个好的团队不仅要提升人员的专业素质，还要培养成员的团队合作精神，只有这样才能培养出优秀的测绘项目管理人才。

总之，每一个测绘项目管理的全面执行，都离不开建设、监理、测绘等单位的共同努力。要在测绘行业中加强项目管理，健全法规制度并落实到项目管理的各个部门职责中。

3. 成果管理

测绘成果管理是一个国家测绘管理活动的重要组成部分。测绘成果是指通过测绘形成的数据、信息及有关资料，是各类测绘活动形成的记录和描述自然地理要素或者地表人工设施的形状、大小、空间位置及其属性的地理信息、数据、资料、图件和档案。测绘成果具有科学性、保密性、系统性和专业性等特征。

（1）成果质量　测绘成果质量是指成果资料满足国家规定的测绘技术规范和标准，以及满足用户期望目标值的程度。加强成果质量管理，保证成果质量，对于维护公共安全和公共利益具有重要的意义。为了加强测绘质量监督管理，确保测绘产品质量，维护用户及测绘单位的合法权益，国家测绘地理信息局先后制定了《测绘质量监督管理办法》和《测绘质量监督管理办法》。

测绘行政主管部门质量监督的措施主要有：加强测绘标准化管理；开展测绘成果质量监督检查；加强对测绘仪器设备计量检定情况的监督检查；引导测绘单位建立、健全质量管理制度；依法查处不合格的测绘成果。

测绘单位的质量责任主要有：建立、健全测绘成果质量管理制度；对其完成的测绘成果负责，承担相应的质量责任；测绘成果必须经过检查验收，合格后才能对外提供利用。

（2）成果汇交　为充分发挥测绘成果的作用，提高测绘成果的使用效益，降低政府行政管理的成本，实现测绘成果的共建共享，国家实行测绘成果汇交制度。测绘成果汇交是指向法定的测绘公共服务和公共管理机构提交测绘成果副本或者目录，由测绘公共服务和公共管理机构编制测绘成果目录，并向社会发布信息，利用汇交的测绘成果副本更新测绘公共产品和依法向社会提供利用。

测绘成果汇交的主体主要包括测绘项目出资人，承担测绘项目的测绘单位，中方部门或者单位，市、县级测绘行政主管部门。其特征主要有法定性、无偿性、完整性和时效性。

（3）成果保管　测绘成果保管是指测绘成果保管单位依照国家有关档案法律、行政法规的规定，采用科学的预防措施和手段，对测绘成果进行归档、保存和管理的活动。测绘成果保管涉及测绘成果及测绘科技档案保管部门、测绘成果所有权人、测绘单位，以及测绘成果使用单位等多个主体，必须采取措施保障其安全和完整。所有的测绘成果保管不得损坏、散失和转让。

首先，要建立测绘成果保管制度，配备必要的设施；其次，基础测绘成果资料实行异地备份存放制度，以保证基础测绘成果意外损毁后，可以迅速恢复基础测绘成果的服务。

（4）成果保密管理　成果保密管理是指测绘成果由于涉及国家秘密，综合运用法律和行政手段将测绘成果严格限定在一定范围内和被一定的人员知悉的管理。国家测绘地理信息局和国家保密局对测绘成果的密级进行了严格的划分，主要分为3个级别：绝密级测绘成果、机密级测绘成果和秘密级测绘成果。随着测绘科技的进步和测绘事业的发展，测绘成果的种类和表现形式越来越多，测绘成果的保密问题也越来越突出。由于测绘成果广泛服务于经济社会发展的各个领域，测绘成果密级越高，其应用范围就越小。为了促进我国测绘成果的广泛利用，必须正确处理测绘成果保密与经济社会发展的需求关系。

测绘成果保密的特征主要表现为：测绘成果涉及的国家秘密事项是客观存在的实物；测绘成果涉及的国家秘密事项具有广泛性；涉及国家秘密的测绘成果数量大、涉及面广；测绘成果涉及的国家秘密事项保密时间长；测绘成果不同于其他文件、档案等保密资料，对外提供的测绘成果必须经过国务院测绘行政主管部门和军队测绘主管部门的批准。

测绘成果保密管理规定，测绘成果属于国家秘密，适用国家保密法律、行政法规的规定；对外提供属于国家秘密的测绘成果，按照国务院和中央军事委员会规定的审批程序执行；测绘成果保管单位应当采取措施保障测绘成果的完整和安全，并按照国家有关规定向社会公开和提供利用。

（5）成果提供利用　测绘成果使用人的权利和义务主要有：

1）测绘成果使用人与测绘项目出资人应当签订书面协议，明确双方的权利和义务。

2）使用人所领取的基础测绘成果仅限于在本单位的范围内，按批准的使用目的使用。

3）使用人若委托第三方开发，项目完成后，附有督促其销毁相应测绘成果的义务。

4）使用人应当在使用基础测绘成果所形成的成果的显著位置注明基础测绘成果版权的所有者；测绘成果涉及著作权保护和管理的，依照有关法律、行政法规的规定执行。

5）使用人主体资格发生变化时，应向原受理审批的测绘行政主管部门重新提出使用申请。

以上就是有关测绘成果管理方面的内容，为加强测绘成果管理，主要应做好以下几个方面的工作：

① 完善测绘成果目录的动态更新机制。全国测绘成果目录服务系统门户网站的开通实现了跨地域、大范围测绘成果资源目录的共享，改变了过去查询手段繁复、提供方式单一、工作效率不高等原始工作模式。但目录网站的动态更新机制还不健全，成果公开的时效性还不强。要促进测绘成果目录网站向各市县和企业、行业的延伸，发动全行业的主观能动性，做到"完成一项，汇交一项，上网一项"。

② 扩大测绘成果的使用面。加强测绘工作的统一监管，充分利用已有测绘成果是各级测绘行政管理部门的职责。应从提高测绘成果应用的角度考虑，尽量避免或减少对成果使用主体的限制，扩大服务面，最大化地利用测绘成果，提高测绘成果的利用率。

③ 加强测绘成果的产权、版权保护。属于知识产权的测绘成果受有关法律规定的保护，但可操作性不强，既没有具体的标准也没有相应的保护技术，所以要制订更细致、更具有操作性的规定或标准，来保护测绘成果所有者的合法权益。

④ 探索建立价格补偿机制。随着经济社会的快速发展，测绘保障服务日益成为全社会的需要，各方面对测绘成果的需求越来越大，而当前测绘公共服务能提供的测绘成果却不够丰富，生产、更新周期长，无法满足用户需求。可以探索以公共财政购买其他测绘成果来提高测绘公共服务能力的途径。

4. 地图管理

地图管理主要包括地图编制管理，地图出版、展示及登载管理，地图审核管理和地图著作权管理等四个部分。测绘从业人员不可避免的要和地图打交道，对这方面的知识知道一点很有必要。

（1）地图编制管理 地图编制是指编制地图的作业过程，包括编辑准备、原图编绘和出版准备三个阶段。国家对编制地图十分重视，国务院于1995年7月10日颁布的《地图编制出版管理条例》对地图编制管理进行了严格的规定。

（2）地图出版、展示及登载管理 地图出版是指将编制的地图作品编辑加工，经过复制并由具有法定地图出版资质的专业出版机构向公众发行。地图展示是指将不同类型的地图利用一定的载体在公共场合进行展示或使用。地图登载是指利用数字地图，经可视化处理，通过网络传输的屏幕地图。地图登载前，应送地图审核部门审核；在互联网上登载地图，应依法经省级以上测绘行政主管部门审核。

（3）地图审核管理 地图审核是指测绘行政主管部门依据国家有关地图编制的规范和标准，对地图的内容及其表现形式进行审查的一种行政行为，是加强地图管理的重要措施和手段。地图审核的目的是保证地图质量，维护国家安全和利益。

根据《地图审核管理规定》在下列情况下，地图审核申请人应当向地图审核部门提出地图审核申请：在地图出版、展示、登载、引进、生产、加工前；使用国务院测绘行政主管部门或者省级测绘行政主管部门提供的标准画法地图，并对地图内容进行编辑改动的。

（4）地图著作权管理 为了保护地图的著作权，维护地图作者的合法权益，《中华人民共和国著作权法》《中华人民共和国著作权实施条例》《地图编辑出版管理条例》等法律、行政法规对地图著作权保护进行了规定，并明确地图的著作权受法律保护。未经地图著作权人许可，任何单位和个人不得以复制、发行、改编、翻译、编辑等方式使用其地图。

5. 测绘仪器的检定与校准

测绘计量标准是指用于检定、测试各类测绘计量器具的标准装置、器具和设施；测绘计量器具是指用于直接或间接传递量值的测绘仪器、仪表和器具。测绘计量器具须定期检查，校准应执行国家、部门或地方计量检定规程，对没有正式计量检定规程的，应执行有关测绘技术标准或自行编写检校办法报主管部门批准后使用（自行编写的检校办法应与有关测绘技术标准的内容协调一致）。在测绘管理中，对于某个测绘项目所使用的测绘仪器，必须进行检定与校准，检定合格后才能在测绘项目中使用。要根据工程项目的要求，选择合适的测绘仪器，以满足质量精度的要求。

复习思考题

1. 我国测绘的基本法律制度有哪些？
2. 测绘合同管理的主要内容是什么？
3. 常见的测绘项目管理方法有哪些？
4. 简述变形监测的等级划分及精度要求。
5. 建筑物的变形监测内容主要有哪些？
6. 简述 GPS – RTK 技术在地形测量中的作业流程。
7. 简述测绘成果管理的主要内容。

第 九 章

测绘相关知识

◆◆◆ **第一节　仪器维护**

一、常规水准仪的一般维修

1. 仪器外观的故障维修

仪器的外表有灰尘、锈蚀，光学零件有缺陷或仪器各运动机构转动不灵活时，需要及时清洗、防护、涂润滑油、调整、更换零件。

基座的脚螺旋松紧不适、晃动或卡死，应调节底座联接螺钉，用校正针拨动松紧调节螺钉，直至旋转脚螺旋感觉松紧合适。

2. 照准机构的故障维修

（1）目镜　目镜的视度环出现故障，需要卸下目镜清洗、涂润滑油并重新装调，直至感觉旋转目镜时松紧合适，且保证工作范围。

（2）分划板

1）十字丝影像不清晰或看不见。若是目镜与分划板有松脱，应重新装调；若是光学零件不洁、起雾、生霉，应先判断是目镜还是分划板不洁，并予以洁净、重装。在重装时应注意光学零件的正反面和前后排列顺序。

2）物镜调焦螺旋调焦时有杂声、滑齿声，松紧不适或失效，应旋紧调焦螺旋，调节齿轮、齿条使啮合舒适无声。

3）望远镜物像不清晰。若是物镜组光学零件不共轴，物镜镜片组相互位置装错，应调整物镜组的位置，直至物像清晰且物镜镜片组之间无松动现象；若是物镜、调焦镜、分划板或目镜上有油污、起雾、生霉或脱胶，应先判断不洁处再进行清洗，脱胶的应重新粘合。

3. 旋转机构的故障维修

1）水平制动螺旋失效，若是制动螺旋顶杆不够长或滑块丢失，应加长顶杆或配上滑块；若是制动扳手未装调好，应松开制动扳手螺钉，旋紧制动杆，再紧固制动扳手螺钉。

2）水平微动螺旋松紧不适，应用校正针调节微动螺旋的松紧调节螺钉到松紧适宜。

3）水平微动螺旋失效，若是微动螺旋手轮与微动螺杆未固联好，根据固联结构（销钉或螺钉）予以固联好；若是微动螺旋的弹性螺母未固定好而随着螺杆转动，旋出紧固螺钉把弹性螺母固定好；若是微动弹簧失效，调换尺寸与弹力相当的弹簧。

4）微倾螺旋旋至尽头仍不能使管水准气泡居中。原因一是微倾螺旋未装调正确，需要重新装调；原因二是仪器整平所依据的圆水准器未校好，予以校正好；原因三是长水准器未装调好，当微倾螺旋安置在工作范围中央位置时，水准器的四个校正螺钉应在对称适中位置，水准器方头或球头螺钉应放正而无松动，水准器应为石膏封住无松动。

4. 安平机构的故障维修

1）脚螺旋失效导致不起升降作用，是由于外套管上用来管制弹性螺母转动的凸块折断，焊接一凸块或在外套管上装一紧固螺钉把弹性螺母固定住。

2）管水准气泡移动时产生停滞、跳动或不稳定，是由于水准器的校正螺钉松动或滑丝，应修配校正螺钉或螺母并调整好；或是由于封水准器的石膏松脱，应取下水准器重新浇灌石膏。

5. i 角误差：视准轴与长水准管轴的立面投影不平行

JSJ 主光管是一个自平准线系统（图 9-1），能自动给出 $\sigma < 0.5''$ 的准水平线，检定 i 角极为方便。JSJ 主光管输出准水平线，只要将望远镜对准 JSJ 主光管 ∞ 目标，整平管水准气泡，转动 i 角测微器使横丝重合，可直接读出 i 角大小。

调整 i 角时，将 i 角测微器（图 9-2）转到读数为 0 的位置，调整分划板的十字丝与光管中目标的横丝重合。

水准仪是精密的光学仪器，检定人员在修理仪器时，应根据仪器故障的部位，除必须拆卸的部位外，尽量避免拆卸不必要的零（部）件。已经修复好的仪器必须予以认真检定，使各项检测项目都满足《水准仪检定规程》（JJG 960—2012）中的技术要求，方可认为仪器合格并出具合格检定证书。

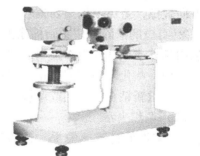

图 9-1 JSJ 水准仪检测仪

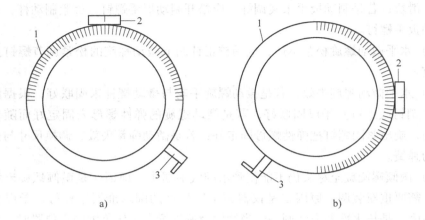

图9-2　i角测微器
1—i角测微器转盘　2—i角指示线　3—i角测微器锁紧手柄

二、经纬仪的检校与一般维修

1. 望远镜系统的故障维修

（1）成像不清晰

1）成像不清晰原因判断。成像不清晰主要由光学零件发霉、损伤、脱胶，以及物镜镜片位置走动引起。

从目镜中观察视场，视场模糊不清，灰点、霉斑等随目镜调焦而转动，则损伤位置在目镜组上；转动目镜时模糊不清的东西不动，则污点在分划板或物镜组上。

2）光学零件的清洁及除霉方法：

① 光学零件的清洁：油迹、灰尘在一般的透镜表面，可直接用棉签蘸少许乙醚，在灰点或油迹位置轻轻擦去；擦拭刻划面或镀铝反射面时，应沿垂直于刻线方向轻擦，避免损伤刻划膜层。

② 霉斑的清除：用脱脂棉涂上清水或擦镜水进行擦拭，擦拭时应采取螺旋式从内到外或从外到内作圆周运动，切勿使化学药物接触到金属零件；霉斑除去后，需用一些化学防霉剂防止光学零件再次发霉；光学零件有严重损伤时，应送回生产厂重新粘合、镀铝或调换。

（2）调焦失常

1）调焦手轮转动失常，转动时有紧涩或松动感觉时，应将调焦手轮拆下清洗。

2）调焦时成像偏移或跳动，此时将仪器对准目标，顺时针方向转动调焦螺旋，使目标十分清晰；然后用微动螺旋精确对准目标再逆时针转动调焦螺旋，调焦到清晰，再查看十字线的垂线是否偏离目标。若有偏离，则说明视准轴有晃动。

3）目镜的调焦失效，一般是由于屈光度环与目镜的止头螺钉之间松动，以致内外套脱开。可通过旋紧三个止头螺钉解决。

4）目镜调焦时过紧或过松。过紧则可以重新清洗目镜的调焦螺纹或涂润滑油；过松则换黏度大的目镜脂。

2. 读数系统的故障维修

（1）视场黑暗无光　视场黑暗无光时可根据仪器光路图逐步检查各棱镜及其位置。如能发现一点点光线，就可以逐步扩大到整个视场变亮。

若视场变亮后，视场窗内仍无度盘划线，应调节读数目镜，看清视场，然后移动竖盘显微物镜或水平度盘显微物镜的上下位置，找到水平度盘像后，再找竖盘像；若调节物镜前组竖盘显微物镜或水平度盘显微物镜仍找不到像，应微量移动和摆动棱镜，就可看到度盘像；再微量调整物镜前组或整组物镜进行移动，直到度盘像完全清楚为止。

（2）成像不清晰　如果整个视场包括视场窗都不清楚，可以调整转像物镜的前后位置，看成像是否改善。还是无效时，就可以将光学零件拆卸清洗并除霉；如果水平度盘与竖盘的像都不够清晰，可调整一个水平度盘的上下位置或整组水平度盘物镜一起上下移动，至水平度盘成像清晰为止；如果水平度盘像清晰，而竖盘像不清晰，可调整竖盘的上下位置或整组竖盘物镜一起上下移动，至竖盘像清晰为止。

（3）刻线像歪斜　当刻线像有长短或脱开时，转像棱镜作竖直方向或水平方向的微量移动均可校正。当刻线像有歪斜时，可使棱镜作水平方向的微量转动来校正。

3. 经纬仪机构的故障维修

（1）竖轴转动过紧或转不动　这种情况通过给止动环除锈、涂润滑油、清洗即可排除。

（2）横轴转动松紧不均匀　出现这种现象主要有三种情况：固定轴承的个别螺钉未拧紧而造成位置不正确或变形，检查螺钉并拧紧就可排除；横轴右端的防灰圈不平整，将其修平整即可；横轴缺润滑油或有油污，止动环不洁净、缺润滑油或不配合，此时需要清洗、涂润滑油或研磨修正才可排除。

（3）横轴轴向松动　出现这种现象的原因是横轴右端的垫圈厚度尺寸过小，需要更换垫圈或填锡纸。

（4）制动失灵　可以旋松紧固螺旋，调整止动螺钉，照准部起到作用后将扳手放在止动位置上，拧紧紧固螺钉。若是止动环缺润滑油或干枯，则要清洗或加润滑油。若止动片弹力不够，则将止动片稍加弯曲增加弹力即可。

（5）微动螺旋旋转时松紧不均匀或者失灵 此时可以校正松紧螺母。微动弹簧过硬或过软时，可调整弹簧，过软时拉长弹簧，增加弹力；过硬时压缩弹簧，减少弹力或更换弹簧。微动螺旋内缺润滑油、干枯或有油污，需要清洗、加油脂。微动螺杆弯曲，需要校正螺杆。轴系过紧，需要检修轴系。

◈◈◈ 第二节 安全生产

一、测绘生产作业人员安全管理

测绘生产单位应坚持安全第一、预防为主、综合治理的方针，遵守《中华人民共和国安全生产法》等有关安全法律法规，加强安全生产管理，确保安全生产。测绘外业生产安全管理见《测量放线工（中级）》第十三章第二节。

二、测绘生产仪器设备安全管理

1. 仪器设备的管理制度

1）专设仪器管理员，负责仪器设备的保管、维护、检校，以及一般性的鉴定、修理。

2）建立仪器设备技术档案，其内容包括仪器的规格、性能、附件、精度鉴定、损伤记录、修理记录及移交验收记录等。

3）仪器设备的借用、转借、调拨、大修、报废等应有一定的审批手续。

4）仪器出入库必须有严格的检查和登记制度。

2. 仪器设备的保管

（1）对仪器库房的基本要求

1）测量仪器库房应是耐火建筑。库房内的温度不能有剧烈变化。

2）库房应有消防设备，但不能用一般的酸碱灭火器，宜用二氧化碳灭火器及新的消防器材。

（2）测绘仪器的三防措施 生霉、生雾、生锈是测绘仪器的"三害"，直接影响测绘仪器的质量和使用寿命，因此需按不同仪器的性能要求，采取必要的防霉、防雾、防锈措施，确保仪器处于良好状态。

1）测绘仪器防霉措施

① 收装仪器前，确保仪器光学零件的外露表面保持干净，外表清洁后方能装箱密封保管。

② 仪器箱内放入适当的防霉剂。

③ 一般情况下，每6个月对外业仪器光学零件的外露表面进行一次全面擦拭，一年内对内业仪器未密封的部分进行一次全面擦拭。

④ 每台内业仪器必须配备仪器罩，每次操作完毕后应将仪器罩罩上。

⑤ 检修时，对所修理的仪器外表和内部必须进行一次彻底的擦拭，注意不得用有机溶剂和粗糙擦布用力擦拭仪器的密封部位；对产生霉斑的光学零件必须翻底除霉，使仪器的光学性能恢复到良好状态。

⑥ 修复的仪器在装配时须对仪器内部的零件进行干燥处理，并更换或补放仪器内腔的防霉药片。修复装配后，仪器必须密封的部位应恢复密封状态。密封性能下降的部位，应重新采取密封措施，使仪器恢复到良好的密封状态。

⑦ 暂时停用的电子仪器，每周至少通电1h，同时使各个功能正常运转。

2）测绘仪器防雾措施

① 每次擦拭完光学零件的表面后，再用干棉球擦拭一遍，以除去表面的潮气。每次测区作业终结后，对仪器光学零件的外露表面进行擦拭。

② 调整或操作仪器时，不得用手心对准光学零件表面。

③ 防止人为破坏仪器的密封造成湿气进入仪器内腔，严禁使用吸潮后的干燥剂。

④ 除雾后或新配置的光学零件表面须用防雾剂进行处理，一旦发现水性雾，应用烘烤或吸潮的方法清除；发现油性雾应用清洗剂擦拭干净并进行干燥处理。

⑤ 保管室内应配备适当的除湿装置，长期不用的仪器，其外露光学零件经干燥后应垫一层干燥脱脂棉，再盖上镜头盖。

3）测绘仪器防锈措施

① 作业终结收测时，将金属外露面的临时保护油脂全部清除干净，涂上新的防锈油脂。

② 外业仪器防锈用油脂，要根据仪器的润滑防锈要求和说明书用油的规定，并配合间隙、运转速度和轴线方向的不同选用合适的油脂。

③ 一般情况下，每6个月须对外业仪器外露表面的润滑防锈油脂进行一次更换，一年内将内业仪器所用的临时性防锈油脂全部更换一次。如发现锈蚀现象，必须立即除锈，并分析锈蚀原因，及时改进防锈措施。

④ 仪器进行检修时，对锈蚀部位必须除锈，除锈时应保持原表面粗糙度值或降低不超过相邻的粗糙度值；且将原用油脂彻底清除，通过干燥处理后涂抹新的油脂进行防锈。

⑤ 对有运动配合的部位，涂防锈油脂后必须来回运动几次，并除去挤压出来的多余油脂。防锈油脂涂抹后应用电容器纸或防锈纸等加封盖。

⑥ 保管室在不能保证恒温、恒湿的要求时，须做到通风、干燥、防尘。

3. 仪器的安全运送与仪器的使用维护

（1）仪器的安全运送　长途搬运仪器时，应将仪器装入专门的运输箱内；短途搬运仪器时，一般仪器需装入仪器箱内。

（2）仪器在作业过程中的使用维护

1）仪器开箱前，将仪器箱平放在地上，以免仪器在开箱时落地损坏。仪器在箱中取出前，应松开各制动螺旋，提取时严禁用手提望远镜和横轴。仪器取出后，应及时合上箱盖。作业后，盖箱前应将各制动螺旋轻轻旋紧，箱盖匹配方可上盖，不可强力施压。

2）安置仪器前应检查三脚架的牢固性，架设时先将三脚架架稳并大致对中；然后放上仪器，并立即拧紧中心联接螺旋。作业过程中仪器要随时有人防护。

3）仪器在搬站时，由实际情况决定仪器是否要装箱。搬站时，应把仪器的所有制动螺旋略微拧紧，但不要拧得太紧（仪器万一受到碰撞时，还有转动的余量）。搬运过程中仪器脚架必须竖直拿稳，不得横扛在肩上。对仪器要小心轻放，避免强烈的冲击振动。

4）在野外使用仪器时，必须用伞遮住太阳。仪器望远镜的物镜和目镜的表面不能让太阳照射，也要避免沙尘及雨水的侵袭。

5）仪器的任何部分若发生故障，不应勉强继续使用，要立即检修，否则将会使仪器损坏加剧。不要轻易拆开仪器，仪器拆卸次数太多会影响其测量精度。

6）光学元件应保持清洁，禁止用手指抚摸仪器的任何光学元件表面。

7）在潮湿环境中作业，工作结束后要用软布擦干仪器表面的水分或灰尘后才能装箱。回到驻地后立即开箱取出仪器放置在干燥处，彻底晾干后才能装入仪器箱内。

8）在连接外部仪器设备时，应注意相对应的接口、电极连接是否正确，确认无误后方可开启主机和外围设备。拔插接线时不要抓住线就往外拔，应握住接头顺方向拔插，以免损坏接头。

三、地理信息数据安全管理

1. 地理信息数据安全

地理信息数据是用来表示与空间地理分布有关信息的数据，是表示地表物体和环境固有的数据、质量、分布特征，联系和规律性的数字、文字、图形、图像的总称。

影响地理信息数据安全的因素主要有三方面：

1）主观上，测量相关工作者对地理信息的安全意识淡薄；其次在生产中会有人为的操作失误使文件丢失。针对这种情况需要加强对测量相关工作者的教育，强化安全意识。

2）客观上，在测绘技术上依赖于国外公司，在高精度项目上需要进行合作。此外，还会有黑客入侵和计算机病毒感染使信息被破坏或被窃取。

3）仪器故障与硬盘驱动器损坏意味着数据丢失。自然灾害、电源供电系统故障与磁干扰都会引起硬盘和存储设备的损坏。

2. 国家地理信息数据安全管理规定

国家基础地理信息数据是指按照国家规定的技术规范、标准制作的、可通过计算机系统使用的数字化的基础测绘成果。国家基础地理信息数据是具有知识产权的智力成果，受国家知识产权法律法规的保护。国家测绘地理信息局制定了《国家基础地理信息数据使用许可管理规定》来规范国家地理信息数据的使用、提供与管理。

（1）使用许可

1）使用国家基础地理信息数据的部门、单位和个人（以下简称"使用单位"），必须得到使用许可，并签订国家基础地理信息数据使用许可协议（以下简称"使用许可协议"）。使用许可协议是非独占和不可转让的。

2）使用单位拥有使用许可协议规定范围内的国家基础地理信息数据和规定权限的使用权。

3）使用单位在使用国家基础地理信息数据时，必须明显标示数据的版权所有者。

（2）提供与管理

1）国家基础地理信息中心负责国家管理的国家基础地理信息数据使用的提供工作。

2）提供单位不得授权或者委托其他单位或者个人提供国家基础地理信息数据。

3）使用单位使用国家基础地理信息数据时违反有关保密规定的，依照《中华人民共和国保密法》、《中华人民共和国测绘成果管理条例》等有关法律法规的规定处理。

（3）测绘成果保密措施

1）建立、健全保密管理制度

① 涉及国家秘密的测绘成果（以下简称涉密测绘成果）事关国家安全和利益，涉密单位应当遵守国家保密法律法规和有关规定，建立、健全保密管理制度，按照积极防范、突出重点、严格标准、明确责任的原则，对落实保密制度的情况进行定期或不定期检查，及时解决保密工作中的问题。

② 涉密单位应当建立保密管理领导责任制，加强对本单位保密工作的组织领导，切实履行保密职责和义务，并设立保密工作机构，配备保密管理人员。应

当根据接触、使用、保管涉密测绘成果的人员情况，区分核心、重要和一般涉密人员，实行分类管理，进行岗前涉密资格审查，签署保密责任书，加强日常管理和监督。

2）强化安全保密措施

① 涉密单位应当依照国家保密法律法规和有关规定，对生产、加工、提供、传递、使用、复制、保存和销毁涉密测绘成果建立严格的登记管理制度，加强涉密计算机和存储介质的管理，禁止将涉密载体作为废品出售或处理。

② 涉密单位要依照国家有关规定，及时确定涉密测绘成果保密要害部门、部位，明确岗位责任，设置安全可靠的保密防护措施。

③ 涉密单位应当对涉密计算机信息系统采取安全保密防护措施，不得使用无安全保密保障的设备处理、传输、存储涉密测绘成果。

3）依法对外提供测绘成果

① 经国家批准的中外经济、文化、科技合作项目，凡涉及对外提供我国涉密测绘成果的，要依法报国家测绘地理信息局或者省、自治区、直辖市测绘行政主管部门审批后再对外提供。

② 外国的组织或者个人经批准在中华人民共和国领域内从事测绘活动的，所产生的测绘成果归中方部门或单位所有；未经国家测绘地理信息局批准，不得向外方提供，不得以任何形式将测绘成果携带或者传输出境。

③ 严禁任何单位和个人未经批准擅自对外提供涉密测绘成果。

四、制定班组管理制度

测量工作是技术保证体系的重要组成部分，是建筑企业的基础工作，是实现设计意图、保证工程质量的关键性工作。为强化企业工程测量管理，保证建筑产品的质量，防治和减少生产安全事故，需根据《中华人民共和国安全生产法》制定班组管理制度。

班组管理的基本内容有以下六项：

1. 认真贯彻全面质量管理方针，确保测量放线工作质量

根据工程设计、施工安排及现场情况制定切实可行又保证质量的测量放线方案。在测量前充分做好准备工作，进行技术交底和学习有关规范。校核好设计图样、校测测量依据点位与数据、鉴定与检校仪器。在作业中坚持测量、计算步步检核的工作方法。所有测量内业和计算资料必须两人复核，测量内容、成果等要详细填入测量手簿内，严格执行测量验线工作的基本准则。

根据国家法令、法规、规程要求，把好质量关，保证测量班组交出的测量成果正确、精度合格。及时总结经验，不断完善班组管理制度，提高工作质量。

2. 班组的图样与资料管理

图样的审核、会审和签收工作做到位。做好图样借阅、收回与整理等日常工作，防止损坏与丢失。按资料管理规程要求，及时做好归案工作。日常的测量外业记录与内业计算资料，也要按不同类别管理好。

3. 班组的仪器设备管理

仪器的设备管理需要定期做好检定工作。在检定周期内做好必要项目的检校，每台仪器要建有详细的技术档案。班组内要设人专门管理，负责仪器的检定、日常收发等工作，按要求保养仪器。做好仪器的防潮、防火和防盗措施。

4. 班组的安全生产与场地控制桩管理

班组内要有专人负责生产安全，防止各种安全事故的发生。场地内的各种控制桩是整个测量放线工作的依据，现场要采取妥善的保护措施，还要有专人巡视检查，请施工单位加以保护，防止被毁坏。

5. 班组的岗位责任管理

加强班组成员的职业道德和文化技术培训，建立岗位制度，明确每位测量员的职责。

6. 班组长的职责

班组长的职责是以身作则全面做好班组工作，紧密配合施工，主动为施工服务，发挥全局性、先导性作用；能调动全班组成员工作的积极性，把班组建立成团结协作的先进集体；严格要求全班组成员认真负责做好每个工作；积累全班组成员的经验，提高班组作业水平。

五、技艺传授

1. 向初级测量放线工传授技能

（1）向初级测量放线工全面传授测量放线工作的基本准则

1）认真学习与执行国家法令、政策和规范，明确工作目的。

2）遵守先整体后局部的工作顺序。

3）严格审核设计图样、文件、测量起始点数据、测量仪器及量具计量检定结果的正确性，坚持测量作业与计算工作步步有校核的工作方法。

4）测量方法要科学、简捷、精度合理。仪器选择要适当，节省工时和费用。

5）定位、放线工作要在自检、互检合格后执行。用好、管好设计图样与有关资料，实测时要当场做好原始记录，测后要及时保护好桩位。

6）紧密配合施工，发扬团结协作、不畏艰难、实事就是、认真负责的工作作风。

7）虚心学习、及时总结经验，以适应建筑业不断发展的需要。

（2）明确测量放线任务的重要性　测量放线是工程各施工阶段的先导性工作，若工程定位放线发生差错，会造成后续工作的返工与工期延误，并造成很大的人力、物力浪费，所以要明确放线工作的重要性，增强对放线工作的责任感。

（3）传授识图方面的基本能力　识读平面图和地形图，通过识读建筑施工图样的剖面图在脑海中形成立体图，能向现场有关工种进行放线交底。

（4）传授基本计算方法　利用平面几何学、三角学、立体几何学原理，能计算出相应尺寸；学会函数型计算机的使用；能进行圆曲线的计算。

（5）传授测量基本知识

1）讲解地面点位的确定与误差知识的基本概念。

2）DS_3型水准仪、全站仪的基本使用方法和普通仪器的保养知识。

（6）传授基本测设工作的方法

1）讲解角度、距离测设的方法。

2）讲解建筑物定位、放线的方法。

3）讲解基础工程施工、墙体工程施工的方法。

（7）传授施工现场的有关规章、制度　安全、保密规定，仪器保养、管理制度，测量记录、资料整理及图样管理等方面知识。

2. 向中级测量放线工传授技能

（1）明确中级测量放线工的重要责任，传授班组生产的领导组织能力　测量放线工作包括施测准备、测设场地控制网、工程定位放线、标高的引入、基础开挖、施工层放线、竖向控制等，这些工作都需要中、高级测量放线工拥有扎实的基础知识才能胜任；而且由于工程规模变化及现场进度变化等会给班组管理带来难度，这时需要中级测量放线工具有足够的班组生产的领导组织能力，所以相关的专业知识、操作技能与班组生产的领导组织能力都需要传授。

（2）传授做好实测前的准备工作的能力　接到新任务后，要及时了解任务情况，并学习和审核图样，检校仪器，制定切实可行的施工测量方案。

（3）传授按《中华人民共和国计量法》的要求送检仪器和定期检校仪器的能力　《中华人民共和国计量法》规定，测量仪器每年应送计量部门进行鉴定，保证测量精度，所以应传授水准仪、全站仪等常用仪器的检校方法。

（4）传授新仪器、新技术　根据工作需要，传授自动安平水准仪、电子经纬仪、高精度全站仪等新仪器的使用技术与工作性能，提高中级测量放线工的作业精度和速度。

（5）传授中级测量放线工应会的专业理论和操作方法　根据现场问题，针对性地传授理论知识，以更全面掌握提高测量专业理论并提高分析问题和解决问题的能力。

（6）传授工序管理和测量规范要求　传授工作中需要遵循的工作程序。在施测前做到严格审查起始数据的正确性，每一步的工作都满足施工测量规范的要求，保证测量成果质量。

复习思考题

1. 常规水准仪的检修有哪几个部分？
2. 如何进行水准仪的 i 角误差检校？
3. 经纬仪光学零件的清洁方法是什么？
4. 进行经纬仪成像不清晰的原因分析并提出解决办法。
5. 测绘仪器的"三防"措施是什么？
6. 影响地理信息数据安全的因素有哪些？
7. 施工测量班组管理工作的基本内容是哪些？
8. 传授给初级放线工的工作准则是哪些？
9. 为什么要传授中级测量放线工班组生产的领导组织能力？

试 题 库

知识要求试题

一、判断题（对画√，错画×）

1. 建筑方格网是施工过程中放样的主要依据，也是测绘竣工图和改、扩建的控制依据。（　　）

2. 水准仪的水准轴与视准轴是两条空间直线，通常将其在竖立面上投影的交角称为 i 角误差；水平面上投影的交角称为交叉误差。（　　）

3. 如果水准气泡同向偏移且偏差量相等，则仅有交叉误差。（　　）

4. 四等水准点，应埋设水准标石，也可利用固定地物。（　　）

5. 将仪器或照准目标的中心安置在通过测站点或照准点的铅垂线上，统称对中。（　　）

6. 由于钢直尺刻度不均匀误差的影响，用这种方法测量不足一整尺长度的零尺段距离，其精度有所降低，但对全长影响很大。（　　）

7. 在同一测回完成前，不要再整平仪器。（　　）

8. 经纬仪垂球对中是一种基本的对中方法，直观，除受风影响外，不受其他因素影响。（　　）

9. 钢直尺精密测量距离，距离要求水平，如果尺身不放水平，将使测量的结果较水平距离减少。（　　）

10. 拉力的大小不会影响钢直尺的长度。（　　）

11. 经纬仪投测方向点的方法，要由实地情况来决定。（　　）

12. 测量学上的平面直角坐标系与数学上的平面直角坐标系的两根轴和象限的划分都不相同。（　　）

13. 水平角的观测方法与测角的精度要求、选用的仪器型号及观测目标的数量没关系。（　　）

14. 测回法一般有两项限差，一是两个半测回角值之差，二是各测回角值之差。 （   ）

15. 在水平观测过程中，可随时调整照准部水准管。 （   ）

16. 当测角精度要求高或测角距离近时，对中要求更严格。 （   ）

17. 当望远镜视准轴水平且竖盘水准气泡居中时，竖盘的指标读数与规定常数的差值称为竖盘的指标差。 （   ）

18. 竖盘指标差会影响被观测目标竖盘读数的正确性。 （   ）

19. 竖盘指标差在同一段时间内的变化也很大。 （   ）

20. 在竖直角观测时，每次读数前务必使竖盘水准管气泡精确居中。（   ）

21. 建筑物的沉降观测，是通过埋设在建筑物附近的水准点进行的。（   ）

22. 在大型建筑工程中，用测距仪布设点位坐标，既可提高工效，又可提高精度。 （   ）

23. 在晴天作业时，应给测距仪打伞，严禁将照准头对向太阳。 （   ）

24. 一般的直线测量中，尺长所引起的误差小于所量直线长度的 1/1000 时，可不考虑此影响。 （   ）

25. 拉力误差在测量过程中可正可负，其影响比尺长和温度误差影响大。
（   ）

26. 如果拟建建筑物与原有建筑物有垂直关系，则可由直角坐标法测设主轴线。 （   ）

27. 水准器的灵敏度越高，在作业时要使水准器气泡迅速置平也就越容易。
（   ）

28. 当用圆水准器整平仪器时，因精度所限，竖轴不能精确处于铅垂位置。
（   ）

29. 精密水准仪所提供的精确的水平视线，正好对准水准尺上的分划线。
（   ）

30. 精密水准仪的视准轴和水准轴间的关系相对稳定，受外界条件的影响较小。 （   ）

31. 蔡司 NiDi03 精密水准仪的主要特点是对热影响的感应较小。 （   ）

32. 在进行工作前，检查工作环境是否符合安全要求，安全设施及防护用品是否齐全。 （   ）

33. 仪器未经检验或工作过程中轴系发生变化而导致测量误差过大属于质量事故。 （   ）

34. 在光学经纬仪的读数系统中，是通过度盘和读数窗的位置来调整视差和行差的。 （   ）

35. 仪器使用后，若发现安平螺旋晃动而使水准气泡不稳定则需维修。 （   ）

36. 如果调焦手轮的转动齿轮和调焦透镜的滑动齿条脱开，就会造成望远镜调焦失灵。 （　　　）

37. 十字丝视像模糊不清都是由目镜调焦失灵所引起的。 （　　　）

38. 误差代表某一值的真误差的大小。 （　　　）

39. 观测过程中偶然误差和系统误差一般会同时产生。 （　　　）

40. 观测时所处的外界条件，时刻随自然条件的变化而变化。 （　　　）

41. 在水准测量过程中，前后视交替放置尺子，可消除或减弱尺的零点差对高差的影响。 （　　　）

42. 在水准测量中，使前、后视距离相等，可消除或减弱地球曲率和大气折光对水准测量产生误差的影响。 （　　　）

43. 在水准测量中，转点的选择对水准测量的成果没有影响。 （　　　）

44. 在量距或进行水准测量时，估读毫米读数可能偏大，也可能偏小，这种误差属于疏忽误差。 （　　　）

45. 在一定的观测条件下，系统误差的数值和正负符号固定不变或按某一固定规律变化。 （　　　）

46. 仪器照准部旋转出现过紧或晃动，多是基座部分故障引起的。 （　　　）

47. 读数系统的分划像歪斜，要根据每种仪器的结构具体判断产生故障的原因。 （　　　）

48. 大地水准面所包围的地球形体，称为地球椭圆体。 （　　　）

49. 大地地理坐标的基准面是大地水准面。 （　　　）

50. 方位角的取值范围为 $-180° \sim +180°$。 （　　　）

51. 双盘位观测某个方向的竖直角可以消除竖盘指标差的影响。 （　　　）

52. 经纬仪整平的目的是使视线水平。 （　　　）

53. 高程测量时，测区位于半径为 10km 的范围内时，可以用水平面代替水准面。 （　　　）

54. 识读建筑施工图，应该"先细后粗，先小后大"。 （　　　）

55. 地形图的测绘首先需要在测区内建立图根控制点。 （　　　）

56. 比例尺越小，地形图上表示的内容就越详尽，比例尺精度也就越高。 （　　　）

57. 地形图仅能用于求取指定区域的面积。 （　　　）

58. 坐标换算的目的之一是为了使施工坐标系的坐标轴与建筑物平行或垂直，以便于施测。 （　　　）

59. 对于微倾式水准仪来说，管水准器是用于概略整平的。 （　　　）

60. 建筑方格网的特点是：方格网的纵、横格网线平行或垂直于建筑物的轴线。 （　　　）

61. 切线支距法测设圆曲线不适用于曲线外侧开阔平坦的场地。　　（　　）

62. 地物点的取舍依据是以满足地形图使用的需要为前提。　　（　　）

63. 变形观测指的就是沉降观测。　　（　　）

64. 沉降观测的特点是观测时间性强、观测设备精度高、观测成果可靠、资料完整。　　（　　）

65. 水准测量内业计算的内容就是进行高差闭合差的分配和计算高程等。

　　（　　）

66. 导线边长错误时，可用闭合差反算出方位角，比较导线的哪一条边与之接近，则该边发生错误的可能性最大，此方法不适用于支导线。　　（　　）

67. 为了做好沉降观测，水准点应尽量与观测点接近，其距离不应超过100m，应离开铁路、公路和地下管道至少5m，埋设深度至少在冻土线以下0.5m。　　（　　）

68. 地面点位的坐标和高程不是直接测定的，而是通过测量其他值计算得到的。　　（　　）

69. 大地水准面是一个光滑的规则曲面。　　（　　）

70. 产生测量误差的原因包括观测者感觉器官的限制和测量技能的高低、仪器制造不完善和外界条件的影响等几个因素。　　（　　）

71. 误差是指与事实不符、与观测量毫无关系的特殊事件，其产生的原因是责任心不强、操作失误和疏忽大意。　　（　　）

72. 某点沿铅垂线方向到任意水准面的距离，通常称为绝对高程。　　（　　）

73. 根据电子经纬仪的构造，竖盘带有自动补偿装置，如果竖轴稍有倾斜，仪器可自行纠正。　　（　　）

74. 水准仪 i 角误差可以采用前、后视距相等的观测方法加以抵消。（　　）

75. 已知 A、B 两点的高差为 +0.853m，现将水准仪安置在靠近 A 尺处读得近尺读数为 2.123m、远尺读数为 1.301m，则在进行校正时，水准管校正端应该抬高，即校正螺钉上松下紧。　　（　　）

76. 全圆观测法可用于任何测角情况。　　（　　）

77. 在四等水准测量的某一测站上，黑面读数为 1895，红面读数为 6687，则根据限差要求，读数是合格的。　　（　　）

78. 在四等水准测量的某一测站上，计算所得出的黑面高差为 +0833，红面高差为 +0932，则平均高差应是 0932.5。　　（　　）

79. 对于四等水准测量中视距累积差不大于 10m 的限差，可以采取各站前、后视距调控即正负兼有的方法来解决。　　（　　）

80. 测量工作的实质就是确定地面点的平面位置和高低位置。　　（　　）

81. 确定地面点位置的基本要素是水平距离、水平角和高差。　　（　　）

82. 在精密量距的三差改正中，高差改正数将永远小于0。（　）

83. 全圆测回法观测水平角的操作特点就是在半测回当中要归零。（　）

84. 水准测量过程中水准尺下沉的误差影响通过采用前、后视距相等的方法可以消除。（　）

85. 经纬仪测量角度时采取盘左、盘右的观测方法，可以抵消 CC 不垂直 HH、HH 不垂直 VV 的误差影响。（　）

86. 在任何条件下，自动安平水准仪都能够实现自动安平的状态。（　）

87. 系统误差是一种有规律的误差，而偶然误差则是没有规律的误差。
（　）

88. 偶然误差的特性之一："有界性"是指误差不会超出一定的数值范围。
（　）

89. 偶然误差的特性之一："对称性"是指正负误差出现的机会是均等的。
（　）

90. 在测量规范中规定的允许误差值，通常是取两倍或三倍的中误差值。
（　）

91. 对于两段长度不同的距离，如果其测量中误差相同，则表明它们的测量精度也是相同的。（　）

92. 为了防止发生错误并提高观测成果的质量，一般在测量工作中要增加多余观测。（　）

93. 瞄准、读数的误差属于系统误差。（　）

94. 场地平面控制网中应尽量包含作为建筑物定位依据的起始点和起始边，包含建筑物的主点和主轴线。（　）

95. 导线角度闭合差的调整原则是比例分配。（　）

96. 坐标增量闭合差的调整原则是反号与边长成正比例分配到各坐标增量中。（　）

97. 极坐标法是平面点位测设的方法之一，比较适宜使用在放样点与控制点的距离较近、便于测角量距的场合，测设效率高。（　）

98. 根据场地平面控制网定位是进行定位放线测量的唯一方法。（　）

99. 在线路工程上必须使用曲线作为两个直线方向转向的过渡，这是高速运行车辆能够安全、平稳通过的必要条件。（　）

100. 测量误差是不可避免的，只能尽量削弱它在测量成果中的影响，但是错误却是需要坚决杜绝的。（　）

101. 附合水准路线应是最后考虑选择的水准路线形式。（　）

102. 在开展测量工作时，应该坚持"先整体后局部"、"高精度控制低精度"的工作程序。（　）

103. 在水准测量中，计算校核无误不仅说明计算过程正确，而且说明起始数据也正确。（　　）

104. 附合导线既有坐标条件校核，又有方位角条件校核，因此是首选的导线形式。（　　）

105. 一条直线的正反方位角相差 90°。（　　）

106. 在第二象限中，坐标方位角 = 象限角 - 180°。（　　）

107. 在 3m 双面水准尺上，黑、红两面尺零点刻划数值差总是 4.787m。（　　）

108. 如果利用水准仪上、下视距丝得出的水准尺读数差为 0.636m，则仪器到尺子之间的距离是 63.6m。（　　）

109. 在圆曲线主点中，ZY 代表直圆点、YZ 代表圆直点。（　　）

110. 已知 JD 的里程桩号是 1 + 850，切线长为 110m，则曲线起点的桩号应为 1 + 960。（　　）

111. 在圆曲线要素中，弦长的计算公式为：$C = 2R\sin\alpha$。（　　）

112. 圆曲线要素的计算校核公式是：$T = \sqrt{(M+E)^2 + \left(\dfrac{C}{2}\right)^2}$。（　　）

113. 在基槽开挖完成并打好垫层之后，根据基础图和轴线控制桩将建筑物各轴线、边界线、墙宽线、柱位线等施工所需标线以墨线弹在垫层上的工作称为基础放线。（　　）

114. 已知地面两点之间的距离和方位角，以及其中一点的坐标，要求取另一个点坐标的工作称为坐标转换。（　　）

115. 当建筑坐标系相对于测量坐标系为逆时针旋转时，在进行坐标换算过程中，α 应取正值。（　　）

116. 主轴线型控制网是场地平面控制网的常用形式之一。（　　）

117. 已知坐标方位角为 60°，两点间距离为 100.000m，则两点间纵坐标增量是 86.600m，横坐标增量是 50.000m。（　　）

118. 弧面差是指用水平面代替水准面时所产生的高差误差。（　　）

119. 我国目前采用的"1985 国家高程基准"是通过福州验潮站测定的南海平均海水面。（　　）

120. 陀螺全站仪是一种集测角定向、测距、测高、计算、存储功能于一体的光、机、电测量仪器。（　　）

121. 只要经过检定合格的计量器具就可以永久在工作岗位上使用。（　　）

122. 测量记录的基本要求是：原始真实、数字正确、内容完整、字体工整。（　　）

123. 场地平整应考虑满足地面排水，填、挖土方量平衡，工程量最小的三

项原则。 （　）

124. 沉降观测的操作要点是"三固定"，即：仪器固定、时间固定、资金固定。 （　）

125. 对于隐蔽工程，竣工测量一定要在还土之前或下一工序之前及时进行，否则可能会造成漏项。 （　）

126. 用 GPS 建立控制点时，控制点之间不要求通视。 （　）

127. GPS 还可以用于夜间测量。 （　）

128. GPS 点是平面控制点。 （　）

129. 一井定向既要在一个井筒内传递坐标，又要传递方向。 （　）

130. 两井定向需要分别在每个井筒内传递坐标，不需要传递方向。 （　）

二、多项选择题（将正确答案的序号填入括号内）

1. DJ6 经纬仪的构成有（　　）。

A. 照准部　　　　B. 水平度盘　　　　C. 基座　　　　D. 远镜

2. 下列属于地性线（地形测图时表示地形坡面变化的特征线）的是（　　）。

A. 分水线　　　B. 坐标纵轴方向线　　　C. 最大坡度线　　D. 定位线

3. 下列关于建筑基线说法正确的有（　　）。

A. 建筑基线就是建筑红线

B. 建筑基线应平行于主要建筑物轴线

C. 建筑基线用于施工现场控制测量

D. 建筑基点至少两个以上

4. 下列说法不正确的是（　　）。

A. 钢直尺检定的目的在于减少倾斜改正误差

B. 精密量距由于往返两次温度不一定相同，故要进行温差改正

C. 两点间高差与高程的起算面没有密切联系

D. 控制点展绘依据距离、转角进行

5. 下列与经纬仪视准轴垂直的轴线有（　　）。

A. 竖轴　　　　　　　　　　　　B. 水平轴

C. 十字丝纵丝　　　　　　　　　D. 读数指标水准管轴

6. 在测量直角坐标系中，纵、横轴为（　　）。

A. x 轴，向东为正　　　　　　B. x 轴，向北为正

C. y 轴，向东为正　　　　　　D. y 轴，向北为正

7. 经纬仪可用于下列测量工作（　　）。

A. 三角高程测量　　　　　　　　B. 角度测量

C. 建筑物变形观测　　　　　　　D. 距离测量

8. 在水准测量中，要求前、后视距相等可以消除（ ）对高差的影响。

A. 地球曲率和大气折光　　　　　　B. 整平误差

C. 水准管轴不平行于视准轴　　　　D. 水准尺

9. 钢直尺量距的常用方法有（ ）。

A. 往返测量　　　　　　　　　　　B. 单程精概量法

C. 单程错尺法　　　　　　　　　　D. 倾斜法

10. 坡道上某桩号高程为147.27m，改正数 $y=0.14$m，如为凸竖线，则曲线上此桩号高程为（ ）；如为凹竖曲线，则曲线上此桩号高程为（ ）。

A. 147.13　　　B. 150.22　　　C. 147.41　　　D. 140.05

11. 关于等高线的特点描述，以下不正确的有（ ）。

A. 等高距相等时，等高线越密，地面坡度越陡

B. 等高距相等时，等高线越密，地面坡度越缓

C. 一般情况下，等高线为闭合曲线

D. 任何情况下，等高线为闭合曲线

12. 测绘科学从专业上可分为（ ）。

A. 工程测量学　　　B. 制图学　　　C. 摄影测量学　　　D. 大地测量学

13. 望远镜从构造和调焦形式上可分为（ ）调焦。

A. 自动调焦　　　B. 内调焦　　　C. 手动调焦　　　D. 外调焦

14. 采用双面尺进行三、四等水准测量时，应按照以下（ ）程序进行。

A. 黑－黑－红－红　　　　　　　　B. 黑－红－黑－红

C. 后－前－后－前　　　　　　　　D. 后－前－前－后

15. 下列叙述错误的有（ ）。

A. 工程测量中，水平角是指两直线的夹角，有左、右角之分

B. 水准测量时，水准尺前后俯仰，观测者容易在望远镜中发现水准尺未立铅直

C. 相对误差不能用于评定水准测量的精度，因为高差误差与高差的大小无关

D. 在同一幅地形图上，等高线平距越小，则地面坡度越缓

16. 地面上某点，在高斯平面直角坐标系（6度带）中的坐标为：$x=3430152$m，$y=20637680$m，则该点位于（ ）投影带，中央子午线经度是（ ）。

A. 第3带　　　　　　　B. 116°　　　　　　　C. 第34带

D. 第20带　　　　　　　E. 117°

17. 确定直线的方向，一般用（ ）来表示。

A. 方位角　　　　　　　B. 象限角　　　　　　C. 水平角

D. 竖直角　　　　　　　E. 真子午线方向

18. 导线坐标计算的基本方法是（　　　）。

A. 坐标正算　　　　　　　B. 坐标反算　　　　　　　C. 方位角推算

D. 高差闭合差调整　　　　E. 导线全长闭合差计算

19. 四等水准测量一测站的作业限差有（　　　）。

A. 前、后视距差　　　　　B. 高差闭合差　　　　　　C. 红、黑面读数差

D. 红、黑面高差之差　　　E. 视准轴不平行水准管轴的误差

20. 大比例尺地形图是指（　　　）的地形图。

A. 1:500　　　　　　　　B. 1:5000　　　　　　　　C. 1:2000

D. 1:10000　　　　　　　E. 1:100000

21. 地形图的图式符号有（　　　）。

A. 比例符号　　　　　　　B. 非比例符号

C. 等高线注记符号　　　　D. 测图比例尺

22. 等高线按其用途可分为（　　　）。

A. 首曲线　　　　　　　　B. 计曲线　　　　　　　　C. 间曲线

D. 示坡线　　　　　　　　E. 山脊线和山谷线

23. 等高线具有哪些特性（　　　）。

A. 等高线不能相交

B. 等高线是闭合曲线

C. 山脊线不与等高线正交

D. 等高线平距与坡度成正比

E. 等高线密集表示陡坡

24. 视距测量可同时测定两点间的（　　　）。

A. 高差　　　　　　　　　B. 高程　　　　　　　　　C. 水平距离

D. 高差与平距　　　　　　E. 水平角

25. 平板仪安置包括（　　　）。

A. 对点　　　　　　　　　B. 整平　　　　　　　　　C. 度盘归零

D. 定向　　　　　　　　　E. 标定图板北方向

26. 在地形图上可以确定（　　　）。

A. 点的空间坐标　　　　　B. 直线的坡度　　　　　　C. 直线的坐标方位角

D. 确定汇水面积　　　　　E. 估算土方量

27. 下述哪些误差属于真误差（　　　）。

A. 三角形闭合差　　　　　B. 多边形闭合差　　　　　C. 量距往、返较差

D. 闭合导线的角度闭合差　E. 导线全长相对闭合差

28. 测量工作的原则是（　　　）。

A. 由整体到局部　　　　　B. 先测角后量距

C. 在精度上由高级到低级　　D. 先控制后碎部

E. 先进行高程控制测量后进行平面控制测量

29. 测量的基准面是（　　　　）。

A. 大地水准面　　　　　　　　B. 水准面

C. 水平面　　　　　　　　　　D. 1985 国家大地坐标系

30. 高程测量按使用的仪器和方法不同分为（　　　　）。

A. 水准面测量　　　　　B. 闭合路线水准测量　　　C. 附合路线水准测量

D. 三角高程测量　　　　E. 三、四、五等水准测量

31. 影响水准测量成果的误差有（　　　　）。

A. 视差未消除　　　　　B. 水准尺未竖直　　　　　C. 估读毫米数不准

D. 地球曲率和大气折光　　E. 阳光照射和风力太大

32. 当经纬仪竖轴与仰视、平视、俯视的三条视线位于同一竖直面内时，其水平度盘读数值（　　　　）。

A. 相等

B. 不等

C. 均等于平视方向的读数值

D. 仰视方向读数值比平视度盘读数值大

E. 俯视方向读数值比平视方向读数值小

33. 影响角度测量成果的主要误差是（　　　　）。

A. 仪器误差　　　　　　B. 对中误差　　　　　　C. 目标偏误差

D. 竖轴误差　　　　　　E. 照准个估读误差

34. 确定直线方向的标准方向有（　　　　）。

A. 坐标纵轴方向　　　　B. 真子午线方向

C. 指向正北的方向　　　D. 磁子午线方向直线方向

35. 光电测距仪的品类分为（　　　　）。

A. 按测程分为短、中、远程测距仪

B. 按精度分为Ⅰ、Ⅱ、Ⅲ级测距仪

C. 按光源分为普通光源、红外光源、激光光源三类测距仪

D. 按测定电磁波传播时间 t 的方法分为脉冲法和相位法两种测距仪

36. 光电测距成果的改正计算有（　　　　）。

A. 加、乘常数改正计算　　B. 气象改正计算　　　C. 倾斜改正计算

D. 三轴关系改正计算　　　E. 测程的检定与改正计算

37. 全站仪的主要技术指标有（　　　　）。

A. 最大测程　　　　　　B. 测距标称精度　　　　C. 测角精度

D. 放大倍率　　　　　　E. 自动化和信息化程度

38. 全站仪由（　　）组成。

A. 光电测距仪　　　　　　B. 电子经纬仪　　　　　　C. 微处理器

D. 高精度光学经纬仪　　　E. 存储器

39. 全站仪除能自动测距、测角外，还能快速完成一个测站所需完成的工作，包括（　　）。

A. 计算平距、高差

B. 计算三维坐标

C. 按水平角和距离进行放样测量

D. 按坐标进行放样

E. 将任一方向的水平角置为 0°00′00″

40. 导线测量的外业工作包括（　　）。

A. 踏勘选点及建立标志　　B. 量边或距离测量　　　　C. 测角

D. 连测　　　　　　　　　E. 进行高程测量

41. 闭合导线和附合导线内业计算的不同点是（　　）。

A. 方位角推算方法不同

B. 角度闭合差计算方法不同

C. 坐标增量闭合差计算方法不同

D. 导线全长闭合差计算方法不同

E. 坐标增量改正计算方法不同

42. 圆曲线带有缓和曲线段的曲线主点是（　　）。

A. 直缓点（ZH 点）　　　B. 直圆点（ZY 点）　　　C. 缓圆点（HY 点）

D. 圆直点（YZ 点）　　　 E. 曲中点（QZ 点）

43. 公路中线测设时，里程桩应设置在中线的下列地方（　　）。

A. 边坡点处　　　　　　　B. 地形点处　　　　　　　C. 桥涵位置处

D. 曲线主点处　　　　　　E. 交点和转点处

44. 路线纵断面测量的任务是（　　）。

A. 测定中线各里程桩的地面高程

B. 绘制路线纵断面图

C. 测定中线各里程桩两侧垂直于中线的地面高程

D. 测定路线交点间的高差

E. 根据纵坡设计计算设计高程

45. 横断面的测量方法有（　　）。

A. 花杆皮尺法　　　　　　B. 水准仪法　　　　　　　C. 经纬仪法

D. 跨沟谷测量法　　　　　E. 目估法

46. 比例尺精度是指地形图上 0.1mm 所代表的地面上的实地距离，则（　　）。

A. 1:500 比例尺精度为 0.05m　　　　B. 1:2000 比例尺精度为 0.20m

C. 1:5000 比例尺精度为 0.50m　　　　D. 1:1000 比例尺精度为 0.10m

E. 1:2500 比例尺精度为 0.25m

47. 用正倒镜分中法延长直线，可以消除或减少哪些误差的影响（　　　　）。

A. 2C　　　　　　　　　　　　　B. 视准轴不垂直于横轴

C. 横轴不垂直于仪器竖轴　　　　　D. 水准管轴不垂直于仪器竖轴

E. 对中

48. 工程放样最基本的方法是（　　　　）。

A. 角度放样　　　　　　　B. 高差放样　　　　　　　C. 高程放样

D. 距离放样　　　　　　　E. 坡度放样

49. 测量学的平面直角坐标系与数学的直角坐标系的不同处是（　　　　）。

A. 表述方法不一样　　　　　　　B. 纵、横坐标轴位置正好相反

C. 测量方法不一样　　　　　　　D. 坐标系的象限编号顺序正好相反

50. 施工平面控制网常布设的几种形式有（　　　　）。

A. 建筑基线　　　　　　　B. 卫星控制网　　　　　　C. 导线网

D. 四等水准网　　　　　　E. 建筑方格网

51. 建筑物的平面定位就是在地面上确定建筑物的位置，即根据设计要求将建筑物的（　　　　）测设到地面上。

A. 各个部位高程　　　　　　　B. 外轮廓线交点

C. 各轴线交点　　　　　　　　D. 装饰线交点

52. 建筑物的放线是指根据定位的主轴线详细测设其他各轴线交点桩的位置，并标定出来，一般包括以下工作（　　　　）。

A. 基础工程施工测量　　　　B. 测设轴线控制桩和龙门板

C. 墙体施工测量　　　　　　D. 确定开挖边界线　　　　E. 测设中心桩

53. 测设点的平面位置常用的方法有（　　　　）。

A. 直角坐标法　　　　　　　B. 倾斜视线法　　　　　　C. 极坐标法

D. 角度交会法　　　　　　　E. 水平视线法　　　　　　F. 距离交会法

54. 高层建筑物的轴线投测方法通常有（　　　　）等方法。

A. 立皮数杆　　　　　　　B. 经纬仪投测法

C. 激光铅垂仪投测法　　　　D. 垂球投测法

55. 在进行民用建筑物沉降观测时，通常在它的（　　　　）布设观测点。

A. 主要设备基础处　　　　　B. 四角点　　　　　　　C. 承重墙上

D. 中点　　　　　　　　　　E. 转角处

56. 在三角高程测量中，采用对向观测不可以消除（　　　　）的影响。

A. 视差　　　　　　　　　　B. 视准轴误差

C. 地球曲率差和大气折光差　D. 水平度盘分划误差

57. 下列叙述错误的有（　　）。

A. 水准面有无穷个，假定水准面也有无穷个

B. 水准面为有限个，假定水准面也为有限个

C. 水准面为有限个，大地水准面也为有限个

D. 水准面有无穷个，大地水准面也有无穷个

58. 某点的高度为海拔 1000m，其含义是（　　）。

A. 该点的高程为 1000m

B. 该点的相对高程为 1000m

C. 该点的绝对高程为 1000m

D. 该点到大地水准面的铅垂距离为 1000m

59. 下列说法正确的是（　　）。

A. 水准面是一个处处与重力线方向垂直的连续曲面

B. 水准面是一个规则的曲面

C. 静止的水面就是一个水准面

D. 同一水准面上各点的高程均相同

60. 下列数据中，可以作为竖盘初始读数的有（　　）。

A. 0°　　　　　　　B. 45°　　　　　　　C. 135°　　　　　　　D. 180°

61. 下列关于 GPS 定位系统的叙述正确的有（　　）。

A. GPS 定位系统共有 21 颗卫星

B. GPS 卫星的飞行高度为 20200m

C. GPS 的地面监控部分共有 1 个主控站

D. 地球上任何地点在任何时候都至少可观测到 4 颗 GPS 卫星

62. 观测值 m、n 为同一组等精度观测值，其含义是（　　）。

A. m、n 的真误差相等　　　　　　B. m、n 的中误差相等

C. m、n 的观测条件基本相同　　　　D. m、n 服从同一种误差分布

63. 关于导线的内业计算，正确的说法有（　　）。

A. 当附合导线的测角全部为右角时，角度改正数的符号与方位角闭合差的符号相同

B. 当附合导线的测角全部为左角时，角度改正数的计算方法与闭合导线角度改正数的计算方法相同

C. 无论是闭合导线还是附合导线，坐标增量闭合差的分配都是按比例进行的

D. 当附合导线的测角全部为右角时，其角度改正数之和等于方位角的闭合差

64. 全面质量管理的原则有 （　　　）。

A. 以顾客为中心的原则，领导作用的原则

B. 全员参与的原则，过程方法的原则

C. 系统管理的原则，持续改进的原则

D. 以事实为基础的原则，互利的供方关系的原则

65. 施工测量放线安全事故的预防措施主要包括（　　　）。

A. 安全组织措施　　　　　　B. 安全经济措施

C. 安全技术措施　　　　　　D. 消防保卫措施

技能要求试题

一、精密光学水准仪进行三等水准测量

1. 考核内容

1）精密光学水准仪的构造特点。

2）精密光学水准仪的使用方法。

3）精密光学水准仪进行三等水准测量的一般操作程序和施测。

4）精密水准测量中各项具体要求。

2. 准备要求

1）熟悉精密光学水准仪如何达到高精度的施测。

2）踏勘测区，实地选点、选线。

3）准备专用三等水准测量手簿。

4）阅读规范对有关限差的具体规定，便于正确执行。

3. 考核要求

1）详细讲述精密光学水准仪的特点、使用方法和操作程序。

2）施测400m长的精密水准测量，按正规要求配备仪器、标尺、尺垫及坚固的起始点，以及记录手簿、文具等。

3）测前对仪器、标尺的检验、校正。

4. 时间定额

1）仪器、工具的准备、检验、校正：2h。

2）施测、资料整理：2h。

5. 安全文明生产

注意仪器、工具的使用和搬运安全；正确执行安全技术操作规程，保持工地整洁。

6. 评分标准

1）准备、了解仪器：20分。

2）检验仪器：20分。

3）作业方法：55分。

4）安全文明生产：5分。

7. 注意事项

1）脚架要踩稳，避免碰动脚架。

2）注意消除视差。

3）前后视距要尽量相等。

二、电子水准仪进行三等水准测量

1. 考核内容

1）电子水准仪的构造特点。

2）电子水准仪的使用方法。

3）电子水准仪进行三等水准测量的一般操作程序和施测。

4）将精密水准测量中的各项限差输入电子水准仪。

2. 准备要求

1）熟悉电子水准仪如何达到高精度的施测。

2）踏勘测区，实地选点、选线。

3）阅读规范对有关限差的具体规定，便于正确执行。

3. 考核要求

1）熟练掌握水准仪的特点、使用方法和操作程序。

2）施测400m长的精密水准测量，按正规要求进行三等水准测量，结合电子水准仪的提示完成测量。

4. 时间定额

1）仪器、工具的准备、检验、校正：2h。

2）施测、资料整理：1h。

5. 安全文明生产

注意仪器、工具的使用和搬运安全；正确执行安全技术操作规程，保持工地整洁。

6. 评分标准

1）准备、了解仪器：20分。

2）输入各项限差：20分。

3）作业方法：55分。

4）安全文明生产：5分。

7. 注意事项

1）全过程及安全生产均应严格要求。

2）指导教师观察全过程，通过询问、观察结合手簿记录及提交的资料进行评分。

三、三、四等水准测量与平差计算

1. 考核内容

1）结合三、四等水准测量野外测量数据进行内业平差处理。

2）整理平差数据成果，上交测量平差报告。

2. 准备要求

1）准备三、四等水准测量野外测量数据。

2）认真学习三、四等水准测量平差的计算方法。

3）准备好计算器、白纸、钢笔。

3. 考核要求

1）了解三、四等水准测量的平差原理。

2）熟悉三、四等水准测量的平差过程。

3）书写完整的平差报告。

4. 时间定额

1）计算三、四等水准测量数据：2h。

2）书写测量平差报告：2h。

5. 安全文明生产

执行安全技术操作规程，文明生产。

6. 评分标准

1）三、四等水准测量数据平差结果：50分。

2）测量平差报告：50分。

7. 注意事项

由指导教师通过观察、询问结合测量平差结果和报告分项评分，然后总计得分。

四、纵断面水准测量

1. 考核内容

1）水准仪的使用方法。

2）线路纵断面水准测量的过程及方法。

3）纵断面图的绘制。

2. 准备要求

1）选择地面起伏的线路作为纵断面水准测量的训练对象，在测区踏勘后，考虑选点、选线，标注中桩，并在地面上标注桩号，起点桩号为 0 + 000，每隔 20m 设定一中桩。

2）阅读规范对有关限差的具体规定，便于正确执行。

3）仪器、设备检验、校正。

4）作业方法及限差的选定。

3. 考核要求

1）熟练掌握水准仪在纵断面测量中的使用方法、操作步骤。

2）施测 100m 长的线路纵断面，独立完成全程测量。

3）测量完成以后绘制纵断面图，上交成果报告。

4. 时间定额

1）仪器、工具的准备、检验、校正：1h。

2）施测纵断面：1h。

3）绘制纵断面图、整理成果：2h。

5. 安全文明生产

注意仪器、工具安全，正确执行操作规程，保持工地整洁。

6. 评分标准

1）准备、了解仪器：10 分。

2）检验仪器：10 分。

3）施测断面图：35 分。

4）绘制断面图：20 分。

5）书写成果报告：20 分。

6）安全文明生产：5 分。

7. 注意事项

1）由指导教师分析任务要求、仪器、设备条件、现场具体设站、通视条件，参与研究、制订方案、确定方法。

2）指导教师观察学员的参与表现与实际操作熟练程度，同时参考观测的结果、精度及提交的资料给予评分。

五、用精密水准仪进行沉降观测

1. 考核内容

选择对测量精度要求较高的建筑物进行精密沉降观测。

2. 准备要求

1）准备沉降观测任务书、观测点的布置及要求、基础设计资料、工程地质资料等。

2）准备观测所需的仪器及有关设备、记录表格，明确精度要求、观测时间与间隔，以及应提交的资料，并阅读有关资料。

3）选择基准点或工作基点，水准路线、设站位置及转点位置的选定，并检校仪器。

3. 考核要求

1）基准点或工作基点的选定、水准路线的选定。

2）测量仪器、工具的检校。

3）精密水准测量具体技术要求的掌握。

4）精密水准仪进行沉降观测的具体实施。

5）观测精度与所提交的资料的完善程度。

4. 时间定额

1）仪器及相关设备的准备、踏勘、选点、埋石：3h。

2）仪器检校：2h。

3）沉降观测：2h。

4）资料整理：2h。

5. 安全文明生产

遵守安全操作规程，保持工地整洁，文明生产。

6. 评分标准

1）准备工作、踏勘、选点、埋石：15分。

2）仪器检校：15分。

3）精密水准测量技术要求的掌握情况：10分。

4）精密水准仪进行沉降观测的实施，符合规范及精度情况：40分。

5）提交资料的完善程度：10分。

6）安全文明生产：10分。

7. 注意事项

1）全过程应严格要求。

2）指导教师应监督全过程，通过询问、观察结合手簿记录及提交的资料进行评分。

六、全站仪测设加密控制点

1. 考核内容

1）全站仪的使用。

2）测设加密控制点的方法。

3）控制点精度的计算。

2. 准备要求

1）加密控制点等级要求、已有控制点资料、控制点布设要求、地形图等。

2）准备相应等级的全站仪及有关设备，以及纸、笔等。

3）明确精度要求及应提交的成果资料，并阅读有关资料。

4）校核仪器。

3. 考核要求

1）使用全站仪的熟练程度。

2）仪器的检校。

3）对相关技术规范的掌握。

4）全站仪加密控制点的具体实施。

5）观测精度与所提交的资料的完善程度。

4. 时间定额

1）仪器及相关设备的准备、踏勘、选点：3h。

2）仪器检校：2h。

3）加密控制点：3h。

4）资料整理：2h。

5. 安全文明生产

遵守安全操作规程，保持工地整洁，文明生产。

6. 评分标准

1）准备工作、踏勘、选点：15分。

2）仪器检校：15分。

3）全站仪加密控制点技术要求的掌握情况：10分。

4）全站仪加密控制点的实施，符合规范及精度情况：40分。

5）提交资料的完善程度：10分。

6）安全文明生产：10分。

7. 注意事项

1）全过程应严格要求，不得编造数据。

2）指导教师应监督全过程，通过询问、观察结合手簿记录及提交的资料进行评分。

七、全站仪测绘碎部点与大比例尺成图

1. 考核内容

1）全站仪的使用。

2）CASS 7.0 绘图软件（或其他版本）的使用。

2. 准备要求

1）测绘地形图等级要求、已有控制点资料等。

2）准备所需的全站仪及有关设备，以及纸、笔等。

3）安装绘图软件 CASS 7.0（或其他版本）。

4）明确精度要求及应提交的成果资料，并阅读有关资料。

5）校核仪器。

3. 考核要求

1）使用全站仪的熟练程度。

2）仪器的检校。

3）对相关技术规范的掌握。

4）全站仪测绘碎部点的具体实施。

5）将测量数据从全站仪导入计算机。

6）使用绘图软件 CASS 7.0（或其他版本）绘制地形图的熟练程度。

7）观测精度与所提交资料的完善程度。

4. 时间定额

1）仪器及相关设备的准备、踏勘、选点：3h。

2）仪器检校：2h。

3）测绘碎部点：3h。

4）资料整理：3h。

5. 安全文明生产

遵守安全操作规程，保持工地整洁，文明生产。

6. 评分标准

1）准备工作、踏勘、选点：10 分。

2）仪器检校：10 分。

3）全站仪测绘碎部点技术要求的掌握情况：10 分。

4）全站仪测绘碎部点的实施，符合规范及精度情况：30 分。

5）使用绘图软件 CASS 7.0（或其他版本）绘制地形图的完整程度及熟练程度：20 分。

6）提交资料的完善程度：10 分。

7）安全文明生产：10 分。

7. 注意事项

1）碎部点的选择应以能反映地形、地物为准，既不能过多，也不得过少。

2）指导教师应监督全过程，通过询问、观察结合提交的资料进行评分。

八、航空摄影测图

1. 考核内容

1）数字影像图的准备。

2）像片控制测量，包括像片控制点的选择、编号、布设方案，像片控制点的目标确定及测量成果。

3）像片判读、调绘。

4）新增地物的补测。

5）根据调绘结果，利用室内仪器绘制地形图。

2. 准备要求

1）影像清晰，框标齐全，灰雾密度、反差、底片压平误差等均符合规范要求的摄影照片。

2）高精度的影像扫描仪。

3）学习地形图图式，掌握如何表示地物、地貌。

4）测区内控制点坐标。

3. 考核要求

1）像片控制点应选择在明显的地物点上，在实地位置和像片上都能辨认。

2）像片控制点的测量可以采用导线法、交会法或 GPS 法。

3）用规定的符号进行调绘。

4. 时间定额

地形图按比例尺、难易程度分级，有一定的额度。

5. 安全文明生产

执行安全技术操作规程，文明生产。

6. 评分标准

1）准备的数字影像图的分辨率满足地形图要求：10 分。

2）像片控制点的测量符合精度要求：30 分。

3）调绘中，地物、地貌表达符合规范要求：10 分。

4）地物补测精度达到要求：20 分。

5）地形图绘制、编辑：30 分。

7. 注意事项

1）摄影像片保持平整，不要折叠。

2）像片判读、调绘仔细认真，按照用途要求对影像内容进行综合取舍。

3）成图细心、规范。

九、场地控制网测设

选择一个中型建筑场地，占地面积约 $1km^2$，南北、东西各 $1km$。

1. 考核内容

1）坐标换算方法。

2）建筑方格网设计。

3）方格网测设的过程和方法。

2. 准备要求

1）钢卷尺的尺长方程式。

2）准备仪器、工具、材料。

3）做好坐标换算工作。

4）了解水准测量起算点的位置等资料。

5）检校仪器。

3. 考核要求

1）是否掌握坐标换算方法。

2）能否设计出符合规定和要求的建筑方格网。

3）是否掌握方格网测设中各工序的工作方法。

4．时间定额

1）仪器及相关设备的准备、踏勘、选点：3h。

2）仪器检校：2h。

3）建筑方格网测设：5h。

4）资料整理：2h。

5．安全文明生产

执行安全技术操作规程，文明生产。

6．评分标准

1）控制资料（含比尺资料）准备：20分。

2）测设平面方格网：40分。

3）测设高程控制网：20分。

4）资料整理：20分。

7．注意事项

指导教师应监督全过程，通过询问、观察结合提交的资料进行评分。

十、闭合、附合导线的测量及计算

1．考核内容

1）导线测量的技术要求。

2）导线测量外业中，使用仪器和观测的方法应符合规范的相应要求。

3）记录手簿正规、清晰、真实。

4）仪器及作业钢卷尺比尺应符合规范要求，要进行必要的尺长、温度、高差等改正。

5）计算正规且符合规范要求。

2．准备要求

1）选定一场地，布设闭合、附合导线各一条。

2）确定导线的等级，明确测角、量边的技术要求。

3）准备所需仪器设备，以及纸、笔等。

4）明确精度要求及应提交的成果资料，并阅读有关资料。

5）检校仪器。

3．考核要求

1）闭合、附和导线的测量方法。

2）闭合、附和导线的计算方法及结果整理。

4. 时间定额

按导线的等级及相关情况确定时间定额。

5. 安全文明施工

执行安全技术操作规程，文明生产。

6. 评分标准

1）方案设计：15 分。

2）导线测量外业：50 分。

3）仪器、工具检校及钢直尺比尺：20 分。

4）计算成果整理：15 分。

7. 注意事项

1）要注意外业资料的随时检核。

2）认真进行测角方位角闭合差、导线闭合差、相对误差等各项精度的评定。

3）指导教师应监督全过程，通过询问、观察结合提交的资料进行评分。

十一、复杂建筑物定位测设与曲线放样

1. 考核内容

圆弧形及椭圆形曲线的放样方法。

2. 准备要求

1）拟定一圆弧形或椭圆形的曲线，设计各项测设要素。

2）准备测设所需的仪器及有关设备。

3）提出测设方案。

4）明确精度要求及应提交的资料，并阅读有关资料。

5）检校仪器。

3. 考核要求

1）测设方案的设计。

2）测量仪器、工具的检校。

3）曲线测设的具体实施。

4. 时间定额

1）仪器及相关设备的准备、方案设计：2h。

2）根据设计方案确定曲线测设的时间定额。

3）资料整理：1h。

5. 安全文明生产

遵守安全操作规程，保持工地整洁，文明生产。

6. 评分标准

1）方案设计：20分。

2）仪器检校：15分。

3）曲线测设具体实施：40分。

4）曲线测设精度是否满足要求：15分。

5）提交资料的完善程度：10分。

7. 注意事项

1）全过程应严格要求。

2）指导教师应监督全过程，通过询问、观察结合手簿记录及提交的资料进行评分。

十二、测量坐标与施工坐标转换

1. 考核内容

1）测量坐标与施工坐标之间转换的掌握情况。

2）坐标转换结果的准确性。

2. 准备要求

1）提供某一已知点在两种坐标系中的坐标。

2）提供施工坐标系纵轴在测量坐标系中的方位角。

3）假设一点在施工坐标系中的坐标值，求其在测量坐标系中的坐标。

4）假设一点在测量坐标系中的坐标值，求其在施工坐标系中的坐标。

3. 考核要求

1）能熟记两种坐标之间的转换公式。

2）能快速且正确地完成两种坐标之间的换算。

3）条理清楚，思路清晰，书写工整。

4. 时间定额

15min内完成。

5. 安全文明生产

执行安全技术操作规程，文明生产。

6. 评分标准

1）正确写出坐标转换公式：30分。

2）正确计算出结果：50分。

3）书写工整、清晰：20分。

7. 注意事项

1）全过程应严格要求。

2）指导教师应监督全过程，通过询问、观察结合手簿记录及提交的资料进行评分。

十三、竣工测量

选择一块约 $1km^2$ 的场地，其中有建（构）筑物、各类管线，编绘竣工总图。

1. 考核内容

场地竣工图的测量及绘制。

2. 准备要求

1）搜集场地原有测设资料。

2）准备经纬仪、水准仪等仪器设备，以及纸、笔等。

3）检校仪器。

4）勘测现场，明确竣工测量所需测量的内容及精度要求。

3. 考核要求

1）对竣工总平面图的测绘与编绘方法的掌握情况。

2）对各类资料的应用及对编绘内容的掌握情况。

3）编制给水排水管道竣工图或综合管道竣工图。

4. 时间定额

1）竣工测量时间根据资料齐全程度确定。

2）竣工图编绘时间：8～16h。

5. 安全文明施工

遵守安全操作规程，保持工地整洁，文明生产。

6. 评分标准

1）竣工测量的外业实施：20 分。

2）方格网展绘精度、控制点展绘精度：20 分。

3）屋角等地物展绘精度：30 分。

4）竣工总平面图内容规定的详细程度，以及点、线符号使用正确：30 分。

7. 注意事项

1）全过程应严格要求，尽量完整、详细地测设出竣工图。

2）指导教师应监督全过程，通过询问、观察结合提交的资料进行评分。

十四、复杂空间结构的测设与验测

1. 考核内容

复杂空间结构的放样方法及实施。

2. 准备要求

1）准备空间结构放样数据、精度要求等资料。

2）准备控制点的资料。

3）准备放样所需的仪器及有关设备。

4）检校仪器。

3. 考核要求

1）复杂空间结构放样方案的确定。

2）测量仪器、设备的检校。

3）复杂空间结构放样的具体实施。

4）复杂空间结构验测的具体实施。

5）观测精度与所提交的资料的完善程度。

4. 时间定额

1）方案的确定：2h。

2）仪器检校：2h。

3）复杂空间结构放样：4h。

4）复杂空间结构验测：2h。

5. 安全文明生产

遵守安全操作规程，保持工地整洁，文明生产。

6. 评分标准

1）仪器检校：10分。

2）复杂空间结构放样方案设计：30分。

3）复杂空间结构放样的具体实施：30分。

4）复杂空间结构的验测：20分。

5）提交资料的完善程度：10分。

7. 注意事项

1）全过程应严格要求。

2）指导教师应监督全过程，通过询问、观察结合提交的资料进行评分。

十五、道路工程及轨道交通工程的测设与验测

1. 考核内容

选择一段已初测完成的公路或铁路，长度要求在1km之内，至少含有1段曲线，要求进行定测，包括中线测量、曲线测设，以及纵、横断面测量等。

2. 准备要求

1）初测后的设计方案、地形图、控制点资料、计算器等。

2）仪器、钢卷尺、皮尺、木桩、测钎等。

3. 考核要求

1）对中线测量外业的掌握情况。

2）对曲线测设方法的掌握情况。

3）对纵、横断面测量方法的掌握情况。

4）对内业绘图的掌握情况。

5）每隔20m测设里程桩，算出全线里程。

4. 时间定额

根据现场情况和曲线长度确定时间定额。

5. 安全文明生产

执行安全技术操作规程，文明生产。

6. 评分标准

1）中线测量：30分。

2）曲线详细测设：40分。

3）纵、横断面测量及绘图：30分。

7. 注意事项

1）全过程应严格要求。

2）指导教师应监督全过程，通过询问、观察结合提交的资料进行评分。

十六、桥梁工程的测设与验测

1. 考核内容

1）桥梁控制网的设计。

2）跨河水准测量的实施。

3）桥梁墩（台）的定位方法及实施。

2. 准备要求

1）某一桥梁初测后的设计方案、地形图、控制点资料、计算器等。

2）测量仪器及相关设备等。

3. 考核要求

1）桥梁平面控制网的布设。

2）两岸高程的传递。

3）桥梁墩（台）的定位。

4. 时间定额

根据现场实际情况确定时间定额。

5. 安全文明生产

执行安全技术操作规程，文明生产。

6. 评分标准

1）桥梁平面控制网的布设：35分。

2）两岸高程的传递：35分。

3）桥梁墩（台）的定位：30分。

7. 注意事项

1）全过程应严格要求。

2）指导教师应监督全过程，通过询问、观察结合提交的资料进行评分。

十七、地下建筑工程的测设与验测

1. 考核内容

1）平面坐标及高程的传递方法。

2）中、腰线标定的施测步骤。

2. 准备要求

1）某地下隧道的设计方案、地形图、控制点资料、计算器等。

2）测量仪器及相关设备等。

3）明确施工测量精度及应提交的资料等。

3. 考核要求

1）平面坐标的传递。

2）高程的传递。

3）中、腰线的标定。

4. 时间定额

根据现场实际情况确定时间定额。

5. 安全文明生产

执行安全技术操作规程，文明生产。

6. 评分标准

1）平面坐标的传递：40分。

2）高程的传递：30分。

3）中、腰线的标定：30分。

7. 注意事项

1）全过程应严格要求。

2）指导教师应监督全过程，通过询问、观察结合提交的资料进行评分。

十八、工业测量系统

1. 考核内容

全站仪工业测量系统的操作方法。

2. 准备要求

1）了解工业测量系统的基本构成和原理。

2）认真学习全站仪工业测量系统的使用方法。

3. 考核要求

1）熟练使用全站仪工业测量系统。

2）利用全站仪工业测量系统定位某构件。

4. 时间定额

1）了解和学习工业测量系统：4h。

2）利用全站仪工业测量系统定位某构件：2h。

5. 安全文明生产

执行安全技术操作规程，文明生产。

6. 评分标准

1）学习工业测量系统情况：20分。

2）利用全站仪工业测量系统定位某构件：50分。

3）定位精度：30分。

7. 注意事项

1）全过程应严格要求。

2）指导教师应监督全过程，通过询问、观察结合提交的资料进行评分。

十九、常规水准仪、经纬仪一般维修

1. 维修前的检查

对仪器的各个部位包括望远镜、水准器、轴系、读数系统、度盘、制动微动机构、微倾螺旋和安平旋钮进行全面检查，同时对使用中出现的故障及发生故障的原因作出记录。

2. 一般性的检修项目和步骤

1）检查各安平、制动、微动等螺旋和目镜、物镜的调焦环（或调焦旋钮）有无缺损和不正常现象。

2）检查外表零件、组件的固连螺钉、校正螺钉有无缺损和松动，以及外表面有无锈蚀、脱漆、电镀脱色等现象。

3）检查各个水准器有无碎裂、松动、气泡扩大和格线颜色脱落等现象；以及是否能随安平螺钉的调动进行相应移动。

4）水准器的观察镜、反光镜有无缺损，气泡成像是否符合要求，观测系统（观察镜、反光镜）有无缺损和霉污，成像是否清晰。

5）检查竖轴和横轴在运转时是否平滑、均匀、正常，有无过松或过紧、卡滞等现象。

6）度盘和测微器的格线有无尺寸偏差、歪斜及度盘偏心现象。

7）水平度盘和竖盘的格线有无视差、行差和指标差。

8）检查三脚架是否牢固，脚架伸缩腿的固定螺旋是否失效、木棍紧固螺钉是否有效及伸缩腿的腿尖有无松动。

3. 考核内容

1）判断故障、检修步骤和处理步骤的正确性。

2）检修后症状的改善或根治程度。

4. 准备要求

提供有故障的常规水准仪或者常规经纬仪，对使用中出现的故障及发生故障的原因备有记录；备有常用工具和整洁的工作场所，并备有常用材料。

5. 考核要求

1）能否正确判断故障的形成原因。

2）能否正确进行检修和处理。

3）经处理过的仪器能否正常使用。

6. 时间定额

根据仪器型号、故障情况确定时间定额。

7. 安全文明生产

遵守安全操作规程，正确使用仪器、工具，保持现场整洁。检查拆卸下来的零（部）件有无丢失。

8. 评分标准

1）判断故障、检修步骤和处理步骤的正确性：50 分。

2）检修后的效果：40 分。

3）安全文明生产：10 分。

9. 注意事项

1）要在阅读、学习教材的基础上进行。

2）若出现综合性的故障，应先处理局部容易解决的问题，然后再处理难度较大的故障。同时，还要局部地进行拆卸、修理、清洁和组装等程序，以免装错或者丢失零件。

二十、反射棱镜检校

1. 考核内容

1）判断故障、检修步骤和处理步骤的正确性。

2）检修后症状的改善或根治程度。

2. 准备要求

提供有故障的反射棱镜，对使用中出现的故障及发生故障的原因备有记录；备有常用工具和整洁的工作场所，并备有常用材料。

3. 考核要求

1）能否正确判断故障的形成原因。

2）能否正确进行检修和处理。

3）经处理过的棱镜能否正常使用。

4. 时间定额

根据仪器型号、故障情况确定时间定额。

5. 安全文明生产

遵守安全操作规程，正确使用仪器、工具，保持现场整洁。检查拆卸下来的零（部）件有无丢失。

6. 评分标准

1）判断故障、检修步骤和处理步骤的正确性：50 分。

2）检修后的效果：40 分。

3）安全文明生产：10 分。

7. 注意事项

1）要在阅读、学习教材的基础上进行。

2）若出现综合性的故障，应先处理局部容易解决的问题，然后再处理难度较大的故障。同时，还要局部地进行拆卸、修理、清洁和组装等程序，以免装错或者丢失零件。

模拟试卷样例

一、判断题（对画√，错画×；每题1分，共20分）

1. 对测绘仪器、工具，必须做到及时检查校正，加强维护、定期检修。（　　）

2. 工程测量应以中误差作为衡量测绘精度的标准，三倍中误差作为极限误差。（　　）

3. 大中城市的 GPS 网应与国家控制网相互连接和转换，并应与附近的国家控制点联测，联测点数不应少于3个。（　　）

4. 在测量中，观测的精度就是指观测值的数学期望与其真值接近的程度。（　　）

5. 测量过程中仪器对中均以铅垂线方向为依据，因此铅垂线是测量外业的基准线。（　　）

6. 地面点的高程通常是指该点到参考椭球面的垂直距离。（　　）

7. GPS 点高程（正常高）经计算分析后符合精度要求的可供测图或一般工程测量使用。（　　）

8. 按地籍图的基本用途，地籍图可划分为分幅地籍图和宗地图二类。（　　）

9. 国家控制网布设的原则是由高级到低级、分级布网、逐级控制。（　　）

10. 地形的分幅图幅按矩形（或正方形）分幅，其规格为 40cm×50cm 或 50cm×50cm。（　　）

11. 整平和对中交替进行的经纬仪的安置方法是用垂球对中，先整平后对中的安置方法是光学对中。（　　）

12. 在几何水准测量中，保证前、后视距相等，可以消除球气差的影响。（　　）

13. 高斯投影是一种等面积投影方式。（　　）

14. 在 54 坐标系中，Y 坐标值就是距离中子午线的距离。（　　）

15. 在四等以上的水平角观测中，若零方向的 2C 互差超限，应重测整个测回。（　　）

16. 在工程测量中，一级导线的平均边长不应超过 1km，导线相对闭合差 ≤1/15000。（　　）

17. 用测距仪测量边长时，一测回是指照准目标一次、读数一次的过程。（　　）

18. 在水准测量中，当测站数为偶数时，不必加入一对水准尺的零点差改正；但是当测站数为奇数时，一定再加入零点差改正。　　　　　（　　）

19. 影响电磁波三角高程测量精度的主要因素是大气折光的影响。　（　　）

20. 误差椭圆可用来描述点位误差的大小和在特定方向的误差。待定点的误差椭圆是相对于已知点的。　　　　　　　　　　　　　（　　）

二、填空题（将正确答案填入题内划线处；每空 1 分，满分 10 分）

1. GPS 点位附近不应有大面积水域，以减弱＿＿＿＿＿＿＿的影响。

2. 用方向法观测水平角时，应该取同一方向的＿＿＿＿＿＿＿观测值的平均值。

3. 导线点的横向误差主要是由＿＿＿＿＿＿＿的观测误差引起的。

4. 导线点的纵向误差主要是由＿＿＿＿＿＿＿的观测误差引起的。

5. 地形图的地物符号通常分为＿＿＿＿＿＿＿三种。

6. 地面上高程相同的各相邻点所连成的闭合曲线称为＿＿＿＿＿＿＿。

7. 相邻等高线之间的水平距离称为＿＿＿＿＿＿＿。

8. GPS 网基线解算所需的起算点坐标，可以是不少于＿＿＿＿＿＿＿的单点定位结果的平差值提供的 WGS - 84 系坐标。

9. 当一幅地籍图内或一个街坊内的宗地变更面积超过＿＿＿＿＿＿＿时，应对该图幅或街坊的基本地籍图进行更新测量。

10. 用测回法和方向法观测角度时，各测回应在不同的度盘位置观测，是为了减弱＿＿＿＿＿＿＿误差对读数的影响。

三、单项选择题（将正确答案的序号填入括号内；每题 1 分，共 30 分）

1. 四等水准测量的观测顺序为（　　）。
A. 后—前—前—后
B. 前—后—前—后
C. 前—前—后—后
D. 后—后—前—前

2. 水准仪的视准轴与水准管轴不平行时产生的高差误差，其大小与前、后视距之（　　）成比例。
A. 和
B. 差
C. 积
D. 商

3. 误差按性质分为系统误差和（　　）。
A. 偶然误差
B. 粗差
C. 中误差
D. 极限误差

4. 相邻两山头间的低凹部位称为（　　）。
A. 山谷
B. 山脊
C. 鞍部
D. 山坡

5. 将静止的海水面延伸至陆地内部，形成一个包围整个地球的封闭水准面，称为（　　）。

    A. 大地水准面   B. 参考椭球面   C. 地球表面   D. 大地体

  6. 测量的基准线是（　　）。

    A. 法线   B. 铅垂线   C. 竖线   D. 中线

  7. 在三角高程测量中，垂直角不大的情况下，对高差中误差起主要作用的是（　　）。

    A. 大气折光   B. 仪器本身

    C. 人为因素   D. 垂直角观测误差

  8. （　　）导线就是从一组已知高级控制点出发，经一系列导线点而终止于另一组的一个高级控制点。

    A. 闭合   B. 附合   C. 支   D. 精密

  9. 下面关于控制网的叙述不正确的是（　　）。

    A. 国家控制网从高级到低级布设

    B. 国家控制网按精度可分为 A、B、C、D、E 五级

    C. 国家控制网分为平面控制网和高程控制网

    D. 直接为测图目的建立的控制网，称为图根控制网

  10. 观测值为同一组等精度观测值的含义不包括（　　）。

    A. 真误差相等   B. 中误差相等

    C. 观测条件基本相同   D. 服从同一种误差分布

  11. 下列关于 GPS 定位系统的叙述正确的是（　　）。

    A. GPS 定位系统共有 21 颗卫星

    B. GPS 卫星的飞行高度为 20200m

    C. GPS 的地面监控部分共有 1 个主控站

    D. 地球上任何地点在任何时候都至少可观测到 3 颗 GPS 卫星

  12. 施工现场作业时的"三宝"不包括（　　）。

    A. 安全帽   B. 安全通道   C. 安全带   D. 安全网

  13. 在三角高程测量中，采用对向观测可消除地球曲率差和（　　）的影响。

    A. 视差   B. 视准轴误差   C. 大气折光差   D. 2C 差

  14. 在水准测量中，权的大小应（　　）。

    A. 与测站数成反比，与距离成反比   B. 与测站数成正比，与距离成正比

    C. 与测站数成反比，与距离成正比   D. 与测站数成正比，与距离成反比

  15. 导线坐标计算的内容不包括（　　）。

    A. 坐标正算   B. 坐标反算

    C. 坐标方位角推算   D. 高差闭合差调整

16. 测量工作的基本观测量不包括（   ）。

A. 角度 　　　　　 B. 坡度 　　　　 C. 距离 　　　　 D. 高差

17. 测量工作的基本原则不包括（   ）。

A. 由整体到局部 　　　　　　　　 B. 先控制后碎部

C. 精度由高级到低级 　　　　　　 D. 先测角后量距

18. 视距测量不可以同时测定两点间的（   ）。

A. 高差 　　　　　 B. 斜距 　　　　 C. 水平距离 　　 D. 水平角

19. 光电测距仪的种类可分为（   ）。

A. 按测程分为短、中、远程测距仪

B. 按精度分为 Ⅰ、Ⅱ 级测距仪

C. 按光源分为普通光源、红外光源、激光光源三类测距仪

D. 按测定电磁波传播时间 t 的方法分为脉冲法和相位法两种测距仪

20. 光电测距成果由大气折光而引起的改正计算有（   ）。

A. 加、乘常数改正计算 　　　　　 B. 气象改正计算

C. 倾斜改正计算 　　　　　　　　 D. 三轴改正计算

21. 全站仪的技术指标不包括（   ）。

A. 最大测程 　　　 B. 测距精度 　　 C. 测角精度 　　 D. 放大倍率

22. 影响照准精度的主要因素不包括（   ）。

A. 望远镜的放大倍率 　　　　　　 B. 照准标志的大小

C. 人眼的判断能力 　　　　　　　 D. 目标影像的亮度

23. 高差闭合差调整的原则是按（   ）成比例分配。

A. 高差大小 　　　　　　　　　　 B. 角度

C. 水准路线长度 　　　　　　　　 D. 水准点间的距离

24. 水准测量中，使前、后视距大致相等，不可以消除或削弱（   ）。

A. 水准管轴不平行于视准轴的误差 　 B. 地球曲率产生的误差

C. 大气折光产生的误差 　　　　　　 D. 阳光照射产生的误差

25. 三等水准测量一测站的作业限差不包括（   ）。

A. 前、后视距差 　　　　　　　　 B. 红、黑面读数差

C. 高差闭合差 　　　　　　　　　 D. 红、黑面高差之差

26. 附合导线的角度闭合差与（   ）。

A. 导线的长度无关 　　　　　　　 B. 导线的几何图形有关

C. 导线各内角和的大小有关 　　　 D. 导线起始点的坐标误差无关

27. 在测量内业计算中，其闭合差按距离成比例分配的是（   ）。

A. 高差闭合差 　　　　　　　　　 B. 闭合导线角度闭合差

C. 坐标增量闭合差 　　　　　　　 D. A 和 C

28. 为了计算和使用方便，桥梁施工控制网一般都采用（　　）。

A. 独立测量坐标系　　　　　　　　　B. 大地坐标系

C. 高斯平面直角坐标系　　　　　　　D. 切线坐标系

29. 高斯投影中（　　）不发生变形。

A. 面积　　　　　　B. 水平角　　　　　C. 水平距离　　　　D. 方位角

30. 垂直位移测量时，基准点的数量一般不应少于（　　）个。

A. 1　　　　　　　B. 2　　　　　　　C. 3　　　　　　　D. 4

四、多项选择题（将正确答案的序号填入括号内；每题2分，共10分）

1. 中比例尺地形图是指（　　）的地形图。

A. 1:25000　　　　B. 1:50000　　　　C. 1:100000　　　　D. 1:10000

2. 等高线可分为（　　）。

A. 首曲线　　　　　B. 计曲线　　　　　C. 间曲线　　　　　D. 助曲线

3. "GB"表示（　　），"JGJ"表示（　　），"CJJ"表示（　　），"JTJ"表示（　　）。

A. 交通建设行业标准　　　　　　　　B. 国家标准

C. 城镇建设行业标准　　　　　　　　D. 建筑工程行业标准

4. 建筑物定位一旦有错又未能及时发现而施工，必将造成严重后果，为此测量人员一定要把好定位依据与定位条件这两关，要做到（　　）。

A. 贯彻设计意图　　　　　　　　　　B. 施测中做到充分校核

C. 坚持施工人员验线　　　　　　　　D. 坚持监理人员验线

5. 在日常的测绘生产活动中，下列哪些法律法规是测绘工作者需要了解与掌握的（　　）。

A.《中华人民共和国行政许可法》

B.《中华人民共和国反不正当竞争法》

C.《中华人民共和国标准化法》

D.《中华人民共和国土地管理法》

五、简答题（每题5分，共30分）

1. 什么是系统误差、偶然误差？二者有什么区别？

2. 导线布置的形式有哪几种？

3. 有哪几种等高线？试简述等高线的性质。

4. 中线测量的主要任务是什么？

5. 施工测量遵循的基本原则有哪些？

6. 简述测绘成果管理的主要内容。

答 案 部 分

知识要求试题答案

一、判断题

1. √ 2. √ 3. × 4. √ 5. √ 6. × 7. √ 8. √ 9. ×
10. × 11. √ 12. √ 13. × 14. √ 15. × 16. √ 17. √ 18. √
19. × 20. √ 21. √ 22. √ 23. √ 24. √ 25. × 26. √ 27. ×
28. √ 29. × 30. √ 31. √ 32. √ 33. √ 34. × 35. √ 36. √
37. × 38. × 39. √ 40. √ 41. √ 42. √ 43. × 44. × 45. √
46. × 47. √ 48. √ 49. × 50. × 51. √ 52. √ 53. × 54. √
55. √ 56. × 57. × 58. √ 59. √ 60. √ 61. × 62. × 63. ×
64. √ 65. × 66. √ 67. √ 68. √ 69. × 70. √ 71. √ 72. ×
73. √ 74. √ 75. × 76. √ 77. √ 78. × 79. √ 80. √ 81. √
82. √ 83. √ 84. × 85. √ 86. × 87. × 88. √ 89. √ 90. √
91. × 92. √ 93. × 94. √ 95. × 96. √ 97. √ 98. × 99. √
100. √ 101. × 102. √ 103. × 104. √ 105. × 106. × 107. ×
108. √ 109. √ 110. × 111. √ 112. √ 113. √ 114. × 115. ×
116. √ 117. × 118. √ 119. × 120. √ 121. × 122. √ 123. √
124. × 125. √ 126. √ 127. √ 128. √ 129. √ 130. √

二、多项选择题

1. ABC 2. AC 3. BCD 4. ABD 5. BC 6. BC 7. ABCD 8. AC
9. ABC 10. A，C 11. BD 12. ABCD 13. AD 14. ABD 15. ABD
16. DE 17. AB 18. ABC 19. ACD 20. ABC 21. ABCD 22. ABC
23. ABE 24. ACD 25. ABD 26. ABCDE 27. ABD 28. ACD
29. AD 30. AD 31. ABCDE 32. AC 33. ABCDE 34. ABCD

35. ABCD　36. ABC　37. ABCD　38. ABCE　39. ABCDE　40. ABCD
41. BC　42. ACE　43. ACDE　44. AB　45. ABC　46. ABCDE　47. ABC
48. ACD　49. BD　50. ACE　51. BC　52. BDE　53. ACDF　54. BCD
55. BDE　56. ABD　57. BCD　58. CD　59. ACD　60. AD　61. CD
62. BCD　63. ABCD　64. ABCD　65. ABCD

模拟试卷样例答案

一、判断题

1. √   2. ×   3. √   4. √   5. √   6. ×   7. √   8. ×   9. √
10. ×   11. ×   12. √   13. ×   14. ×   15. √   16. ×   17. ×   18. √
19. √   20. √

二、填空题

1. 多路径效应   2. 盘左、盘右   3. 水平角   4. 距离
5. 依比例符号、半依比例符号和不依比例符号   6. 等高线
7. 等高线平距   8. 30min   9. 1/2   10. 度盘分划

三、单项选择题

1. D   2. B   3. A   4. C   5. A   6. B   7. D   8. B
9. B   10. A   11. C   12. B   13. C   14. A   15. D   16. B
17. D   18. D   19. A   20. B   21. B   22. B   23. D   24. D
25. C   26. B   27. D   28. A   29. B   30. C

四、多项选择题

1. ABC   2. ABCD   3. ABCD   4. ABCD   5. ABCD

五、简答题

1. 答：在相同的观测条件下，对某一量进行一系列观测，如果误差出现的大小和符号均相同或按一定的规律变化，这种误差称为系统误差。在相同的观测条件下，对某一量进行一系列观测，如果误差出现的大小和符号上都表现出偶然性，从表面上看没有任何规律，这种误差称为偶然误差。

系统误差是由于仪器本身不够精确、或测量方法的局限性、或测量原理不完善而产生的。系统误差的特点是在多次重复测量中，误差总是偏大或偏小。要减小系统误差，必须校准测量仪器，改进测量方法。偶然误差是由各种偶然因素对观测者、测量仪器、被测目标的影响而产生的。偶然误差总是有时偏大、有时偏

小，并且偏大和偏小的概率相同，因此可以通过多进行几次测量求平均值的方法来减小偶然误差的影响。

2. 答：导线一般可布置成三种形式，即闭合导线、附合导线和支导线。其中，闭合导线是指从一个已知控制点出发，最后又回到该已知点的导线；附合导线是指从一个已知控制点出发，连测到另一个已知点上的导线；支导线是指由一个已知点和已知边的方向出发，既不附合到另一已知点，又不回到原起始点的导线。

3. 答：等高线分为首曲线、计曲线、间曲线和助曲线四种。其中，首曲线是指在同一幅图上，按规定的基本等高距描绘的等高线，用细实线表示；计曲线是指在地形图上，从规定的高程起算面起，每隔五个等高距将首曲线加粗为一条粗实线，并注记高程；间曲线是指按二分之一基本等高距描绘的等高线，用长虚线表示；助曲线指按四分之一基本等高距描绘的等高线，用短虚线表示。

等高线的性质：同一条等高线上各点的高程都相等；等高线是闭合曲线，如果不在本幅图内闭合，则必在图外闭合；除在悬崖、绝壁和陡坎处外，等高线在图上不能相交，也不能重合；等高线平距小表示坡度陡，平距大表示坡度缓，平距相同表示坡度相等；等高线与山脊线、山谷线成正交。

4. 答：中线测量是指沿设计线路在实地测设中线的测量工作。其任务主要分为：放线，把图样上定线的各转向点间的直线测设到地面上，在实地按计算数据定出中线；中桩测设，在线路中线上测设百米桩、加桩、控制桩和曲线主点桩，它包括测量线路的直线长度、详细测设曲线及按规定要求设置中线桩。

5. 答：由于施工测量的要求精度较高，施工现场各种建筑物的分布面较广，且常同时施工，所以为了保证各建筑物测设的平面位置和高程都有相同的精度并且符合设计要求，施工测量和测绘地形图一样也必须遵循"由整体到局部、从高级到低级、先控制后碎部"的原则组织实施。对于大中型工程的施工测量，要先在施工区域内布设施工控制网，并布设成两级，即首级控制网和加密控制网。首级控制点相对固定，布设在施工场地周围不受施工干扰、地质条件良好的地方。加密控制点直接用于测设建筑物的轴线和细部点。不论是平面控制还是高程控制，在测设细部点时要求一站到位，减少误差的累计。

6. 答：测绘成果管理是一个国家测绘管理活动的重要组成部分，主要内容包括成果质量、成果汇交、成果保管、成果保密管理和成果提供利用等几个方面。首先，要建立测绘成果保管制度，配备必要的设施；其次，基础测绘成果资料要实行异地备份存放制度。测绘成果保管单位应当采取措施保障测绘成果的完整和安全，并按照国家有关规定向社会公开和提供利用。

参 考 文 献

[1] 胡圣武. 地图学 [M]. 北京：清华大学出版社，2008.

[2] 葛永慧. 测量平差 [M]. 徐州：中国矿业大学出版社，2005.

[3] 武汉大学测绘学院测量平差学科组. 误差理论与测量平差基础 [M]. 武汉：武汉大学出版社，2003.

[4] 覃辉，马德富，熊友谊. 测量学 [M]. 北京：中国建筑工业出版社，2007.

[5] 顾孝烈，鲍峰，程效军. 测量学 [M]. 3版. 上海：同济大学出版社，2006.

[6] 高俊强，严伟标. 工程监测技术与应用 [M]. 北京：国防工业出版社，2005.

[7] 孔祥元，郭际明，刘宗泉. 大地测量学基础 [M]. 武汉：武汉大学出版社，2005.

[8] 孔祥元，郭际明. 控制测量学 [M]. 武汉：武汉大学出版社，2006.

[9] 李青岳，陈永奇. 工程测量学 [M]. 北京：测绘出版社，2008.

[10] 撒利伟. 工程测量 [M]. 西安：西安交通大学出版社，2010.

[11] 邓学才. 复杂建筑施工放线 [M]. 北京：中国建筑工业出版社，1988.

[12] 华锡生，黄腾. 精密工程测量技术及应用 [M]. 南京：河海大学出版社，2002.

[13] 潘正风，杨正尧. 数字测图原理与方法 [M]. 武汉：武汉大学出版社，2004.

[14] 高井祥，等. 数字测图原理与方法 [M]. 徐州：中国矿业大学出版社，2008.

[15] 林君建，苍桂华. 摄影测量学 [M]. 北京：国防工业出版社，2009.

[16] 建设部人事教育司. 测量放线工 [M]. 北京：中国建筑工业出版社，2002.

[17] 马遇. 测量放线工 [M]. 北京：机械工业出版社，2005.

[18] 国家测绘局职业技能鉴定指导中心. 测绘管理与法律法规 [M]. 北京：测绘出版社，2009.

测量放线工需要学习下列课程：

初级：建筑识图、测量放线工（初级）

中级：建筑识图、测量放线工（中级）

高级：测量放线工（高级）

技师、高级技师：测量放线工（技师、高级技师）

国家职业资格培训教材

丛书介绍： 深受读者喜爱的经典培训教材，依据最新国家职业标准，按初级、中级、高级、技师（含高级技师）分册编写，以技能培训为主线，理论与技能有机结合，书末有配套的试题库和答案。所有教材均免费提供 PPT 电子教案，部分教材配有 VCD 实景操作光盘（注：标注★的图书配有 VCD 实景操作光盘）。

读者对象： 本套教材是各级职业技能鉴定培训机构、企业培训部门、再就业和农民工培训机构的理想教材，也可作为技工学校、职业高中、各种短训班的专业课教材。

- ◆ 机械识图
- ◆ 机械制图
- ◆ 金属材料及热处理知识
- ◆ 公差配合与测量
- ◆ 机械基础（初级、中级、高级）
- ◆ 液气压传动
- ◆ 数控技术与 AutoCAD 应用
- ◆ 机床夹具设计与制造
- ◆ 测量与机械零件测绘
- ◆ 管理与论文写作
- ◆ 钳工常识
- ◆ 电工常识
- ◆ 电工识图
- ◆ 电工基础
- ◆ 电子技术基础
- ◆ 建筑识图
- ◆ 建筑装饰材料
- ◆ 车工（初级★、中级、高级、技师和高级技师）

- ◆ 铣工（初级★、中级、高级、技师和高级技师）
- ◆ 磨工（初级、中级、高级、技师和高级技师）
- ◆ 钳工（初级★、中级、高级、技师和高级技师）
- ◆ 机修钳工（初级、中级、高级、技师和高级技师）
- ◆ 锻造工（初级、中级、高级、技师和高级技师）
- ◆ 模具工（中级、高级、技师和高级技师）
- ◆ 数控车工（中级★、高级★、技师和高级技师）
- ◆ 数控铣工/加工中心操作工（中级★、高级★、技师和高级技师）
- ◆ 铸造工（初级、中级、高级、技师和高级技师）
- ◆ 冷作钣金工（初级、中级、

技师和高级技师）

◆ 焊工（初级★、中级★、高级★、技师和高级技师★）

◆ 热处理工（初级、中级、高级、技师和高级技师）

◆ 涂装工（初级、中级、高级、技师和高级技师）

◆ 电镀工（初级、中级、高级、技师和高级技师）

◆ 锅炉操作工（初级、中级、高级、技师和高级技师）

◆ 数控机床维修工（中级、高级和技师）

◆ 汽车驾驶员（初级、中级、高级、技师）

◆ 汽车修理工（初级★、中级、高级、技师和高级技师）

◆ 摩托车维修工（初级、中级、高级）

◆ 制冷设备维修工（初级、中级、高级、技师和高级技师）

◆ 电气设备安装工（初级、中级、高级、技师和高级技师）

◆ 值班电工（初级、中级、高级、技师和高级技师）

◆ 维修电工（初级★、中级★、高级、技师和高级技师）

◆ 家用电器产品维修工（初级、中级、高级）

◆ 家用电子产品维修工（初级、中级、高级、技师和高级技师）

◆ 可编程序控制系统设计师（一级、二级、三级、四级）

◆ 无损检测员（基础知识、超声波探伤、射线探伤、磁粉探伤）

◆ 化学检验工（初级、中级、高级、技师和高级技师）

◆ 食品检验工（初级、中级、高级、技师和高级技师）

◆ 制图员（土建）

◆ 起重工（初级、中级、高级、技师）

◆ 测量放线工（初级、中级、高级、技师和高级技师）

◆ 架子工（初级、中级、高级）

◆ 混凝土工（初级、中级、高级）

◆ 钢筋工（初级、中级、高级、技师）

◆ 管工（初级、中级、高级、技师和高级技师）

◆ 木工（初级、中级、高级、技师）

◆ 砌筑工（初级、中级、高级、技师）

◆ 中央空调系统操作员（初级、中级、高级、技师）

◆ 物业管理员（物业管理基础、物业管理员、助理物业管理师、物业管理师）

◆ 物流师（助理物流师、物流师、高级物流师）

◆ 室内装饰设计员（室内装饰设计员、室内装饰设计师、高级室内装饰设计师）

◆ 电切削工（初级、中级、高级、技师和高级技师）

◆ 汽车装配工

◆ 电梯安装工

◆ 电梯维修工

变压器行业特有工种国家职业资格培训教程

丛书介绍： 由相关国家职业标准的制定者——机械工业职业技能鉴定指导中心组织编写，是配套用于国家职业技能鉴定的指定教材，覆盖变压器行业 5 个特有工种，共 10 种。

读者对象： 可作为相关企业培训部门、各级职业技能鉴定培训机构的鉴定培训教材，也可作为变压器行业从业人员学习、考证用书，还可作为技工学校、职业高中、各种短训班的教材。

◆ 变压器基础知识
◆ 绕组制造工（基础知识）
◆ 绕组制造工（初级 中级 高级技能）
◆ 绕组制造工（技师 高级技师技能）
◆ 干式变压器装配工（初级、中级、高级技能）
◆ 变压器装配工（初级、中级、高级、技师、高级技师技能）

◆ 变压器试验工（初级、中级、高级、技师、高级技师技能）
◆ 互感器装配工（初级、中级、高级、技师、高级技师技能）
◆ 绝缘制品件装配工（初级、中级、高级、技师、高级技师技能）
◆ 铁心叠装工（初级、中级、高级、技师、高级技师技能）

国家职业资格培训教材——理论鉴定培训系列

丛书介绍： 以国家职业技能标准为依据，按机电行业主要职业（工种）的中级、高级理论鉴定考核要求编写，着眼于理论知识的培训。

读者对象： 可作为各级职业技能鉴定培训机构、企业培训部门的培训教材，也可作为职业技术院校、技工院校、各种短训班的专业课教材，还可作为个人的学习用书。

◆ 车工（中级）鉴定培训教材
◆ 车工（高级）鉴定培训教材
◆ 铣工（中级）鉴定培训教材
◆ 铣工（高级）鉴定培训教材
◆ 磨工（中级）鉴定培训教材
◆ 磨工（高级）鉴定培训教材
◆ 钳工（中级）鉴定培训教材

◆ 钳工（高级）鉴定培训教材
◆ 机修钳工（中级）鉴定培训教材
◆ 机修钳工（高级）鉴定培训教材
◆ 焊工（中级）鉴定培训教材
◆ 焊工（高级）鉴定培训教材
◆ 热处理工（中级）鉴定培训教材
◆ 热处理工（高级）鉴定培训教材

- ◆ 铸造工（中级）鉴定培训教材
- ◆ 铸造工（高级）鉴定培训教材
- ◆ 电镀工（中级）鉴定培训教材
- ◆ 电镀工（高级）鉴定培训教材
- ◆ 维修电工（中级）鉴定培训教材
- ◆ 维修电工（高级）鉴定培训教材
- ◆ 汽车修理工（中级）鉴定培训教材
- ◆ 汽车修理工（高级）鉴定培训教材
- ◆ 涂装工（中级）鉴定培训教材
- ◆ 涂装工（高级）鉴定培训教材
- ◆ 制冷设备维修工（中级）鉴定培训教材
- ◆ 制冷设备维修工（高级）鉴定培训教材

国家职业资格培训教材——操作技能鉴定实战详解系列

丛书介绍：用于国家职业技能鉴定操作技能考试前的强化训练。特色：
- ● 重点突出，具有针对性——依据技能考核鉴定点设计，目的明确。
- ● 内容全面，具有典型性——图样、评分表、准备清单，完整齐全。
- ● 解析详细，具有实用性——工艺分析、操作步骤和重点解析详细。
- ● 练考结合，具有实战性——单项训练题、综合训练题，步步提升。

读者对象：可作为各级职业技能鉴定培训机构、企业培训部门的考前培训教材，也可供职业技能鉴定部门在鉴定命题时参考，也可作为读者考前复习和自测使用的复习用书，还可作为职业技术院校、技工院校、各种短训班的专业课教材。

- ◆ 车工（中级）操作技能鉴定实战详解
- ◆ 车工（高级）操作技能鉴定实战详解
- ◆ 车工（技师、高级技师）操作技能鉴定实战详解
- ◆ 铣工（中级）操作技能鉴定实战详解
- ◆ 铣工（高级）操作技能鉴定实战详解
- ◆ 钳工（中级）操作技能鉴定实战详解
- ◆ 钳工（高级）操作技能鉴定实战详解
- ◆ 钳工（技师、高级技师）操作技能鉴定实战详解
- ◆ 数控车工（中级）操作技能鉴定实战详解
- ◆ 数控车工（高级）操作技能鉴定实战详解
- ◆ 数控车工（技师、高级技师）操作技能鉴定实战详解
- ◆ 数控铣工/加工中心操作工（中级）操作技能鉴定实战详解
- ◆ 数控铣工/加工中心操作工（高级）操作技能鉴定实战详解
- ◆ 数控铣工/加工中心操作工（技师、高级技师）操作技能鉴定实战详解
- ◆ 焊工（中级）操作技能鉴定实战详解

- ◆ 焊工（高级）操作技能鉴定实战详解
- ◆ 焊工（技师、高级技师）操作技能鉴定实战详解
- ◆ 维修电工（中级）操作技能鉴定实战详解
- ◆ 维修电工（高级）操作技能鉴定实战详解
- ◆ 维修电工（技师、高级技师）操作技能鉴定实战详解
- ◆ 汽车修理工（中级）操作技能鉴定实战详解
- ◆ 汽车修理工（高级）操作技能鉴定实战详解

技能鉴定考核试题库

丛书介绍： 根据各职业（工种）鉴定考核要求分级编写，试题针对性、通用性、实用性强。

读者对象： 可作为企业培训部门、各级职业技能鉴定机构、再就业培训机构培训考核用书，也可供技工学校、职业高中、各种短训班培训考核使用，还可作为个人读者学习自测用书。

- ◆ 机械识图与制图鉴定考核试题库
- ◆ 机械基础技能鉴定考核试题库
- ◆ 电工基础技能鉴定考核试题库
- ◆ 车工职业技能鉴定考核试题库
- ◆ 铣工职业技能鉴定考核试题库
- ◆ 磨工职业技能鉴定考核试题库
- ◆ 数控车工职业技能鉴定考核试题库
- ◆ 数控铣工/加工中心操作工职业技能鉴定考核试题库
- ◆ 模具工职业技能鉴定考核试题库
- ◆ 钳工职业技能鉴定考核试题库
- ◆ 机修钳工职业技能鉴定考核试题库
- ◆ 汽车修理工职业技能鉴定考核试题库
- ◆ 制冷设备维修工职业技能鉴定考核试题库
- ◆ 维修电工职业技能鉴定考核试题库
- ◆ 铸造工职业技能鉴定考核试题库
- ◆ 焊工职业技能鉴定考核试题库
- ◆ 冷作钣金工职业技能鉴定考核试题库
- ◆ 热处理工职业技能鉴定考核试题库
- ◆ 涂装工职业技能鉴定考核试题库

机电类技师培训教材

丛书介绍： 以国家职业标准中对各工种技师的要求为依据，以便于培训为前提，紧扣职业技能鉴定培训要求编写。加强了高难度生产加工，复杂设备的安装、调试和维修，技术质量难题的分析和解决，复杂工艺的编制，故障诊断与排除以及论文写作和答辩的内容。书中均配有培训目标、复习思考题、培训内容、

试题库、答案、技能鉴定模拟试卷样例。

读者对象：可作为职业技能鉴定培训机构、企业培训部门、技师学院培训鉴定教材，也可供读者自学及考前复习和自测使用。

- ◆ 公共基础知识
- ◆ 电工与电子技术
- ◆ 机械制图与零件测绘
- ◆ 金属材料与加工工艺
- ◆ 机械基础与现代制造技术
- ◆ 技师论文写作、点评、答辩指导
- ◆ 车工技师鉴定培训教材
- ◆ 铣工技师鉴定培训教材
- ◆ 钳工技师鉴定培训教材
- ◆ 焊工技师鉴定培训教材
- ◆ 电工技师鉴定培训教材

- ◆ 铸造工技师鉴定培训教材
- ◆ 涂装工技师鉴定培训教材
- ◆ 模具工技师鉴定培训教材
- ◆ 机修钳工技师鉴定培训教材
- ◆ 热处理工技师鉴定培训教材
- ◆ 维修电工技师鉴定培训教材
- ◆ 数控车工技师鉴定培训教材
- ◆ 数控铣工技师鉴定培训教材
- ◆ 冷作钣金工技师鉴定培训教材
- ◆ 汽车修理工技师鉴定培训教材
- ◆ 制冷设备维修工技师鉴定培训教材

特种作业人员安全技术培训考核教材

丛书介绍：依据《特种作业人员安全技术培训大纲及考核标准》编写，内容包含法律法规、安全培训、案例分析、考核复习题及答案。

读者对象：可用作各级各类安全生产培训部门、企业培训部门、培训机构安全生产培训和考核的教材，也可作为各类企事业单位安全管理和相关技术人员的参考书。

- ◆ 起重机司索指挥作业
- ◆ 企业内机动车辆驾驶员
- ◆ 起重机司机
- ◆ 金属焊接与切割作业

- ◆ 电工作业
- ◆ 压力容器操作
- ◆ 锅炉司炉作业
- ◆ 电梯作业

读者信息反馈表

亲爱的读者:

　　您好!感谢您购买《测量放线工(高级)》(高俊强　主编)一书。为了更好地为您服务,我们希望了解您的需求以及对我社教材的意见和建议,愿这小小的表格在我们之间架起一座沟通的桥梁。另外,如果您在培训中选用了本教材,我们将免费为您提供与本教材配套的电子课件。

姓　　名		所在单位名称		
性　　别		所从事工作(或专业)		
通信地址			邮　编	
办公电话		移动电话		
E-mail		QQ		

1. 您选择图书时主要考虑的因素(在相应项前面画√)

　 出版社(　　)　　内容(　　)　　价格(　　)　　其他:＿＿＿＿＿＿＿＿

2. 您选择我们图书的途径(在相应项前面画√)

　 书目(　　)　书店(　　)　网站(　　)　朋友推介(　　)　其他:＿＿＿＿＿

希望我们与您经常保持联系的方式:

□ 电子邮件信息　　□ 定期邮寄书目　　□ 通过编辑联络　　□ 定期电话咨询

您关注(或需要)哪些类图书和教材:

您对本书的意见和建议(欢迎您指出本书的疏漏之处):

您近期的著书计划:

请联系我们——

地　　址　北京市西城区百万庄大街 22 号　　机械工业出版社技能教育分社

邮　　编　100037

社长电话　(010)88379083　88379080

传　　真　(010)68329397

营销编辑　(010)88379534　88379535

免费电子课件索取方式:

网上下载　www.cmpedu.com

邮箱索取　jnfs@cmpbook.com